アジアのゼロエミッション活動

国連大学ゼロエミッションフォーラム編

JN309280

目次

はじめに 地域に適合した創造的なゼロエミッション活動を
藤村宏幸……2
- さらなるスピードアップが求められるゼロエミッション……2
- 海外でも地域振興へ繋がるゼロエミッションの理念……4

1. ゼロエミッション──提唱から現在まで
坂本憲一……6
- ゼロエミッション研究構想……6
- 持続可能な循環型社会、循環型社会とZEの位置づけ……11
- 日本における循環型技術思想の変遷……14
- 資源循環型社会——社会に定着・普及した要因……18
- 持続可能な循環型社会形成に向けて——ZEの展望……21

2. 国連大学が導いたZEF——海外との交流
竹林征雄・鈴木基之……26
- はじめに……26
- ゼロエミッションの考え方……27
- 国内、アジア地域のZE普及活動と循環型社会形成の潮流……32
- おわりに……39

3. ゼロエミッション活動で地域から環境国際貢献
垣迫裕俊……42
- はじめに……42
- 北九州市の環境政策の歴史概観……43
- 環境国際協力の基盤、体制……46
- 協力の歴史……51
  - 中国・青島市、天津市との交流、環境協力の歩み……53
  - 中国・大連市との交流、環境協力の広がり……56
- 今後の展開と課題……58
- おわりに……63

4. ZEF（学術界）と連携したIR3S事業の国際的視点と展望
盛岡通……64
- 「サステイナビリティ学連携機構」による循環型社会形成の構想……64
- アジア循環型社会構築への国際的取り組み……70
- IR3Sのフラッグシッププロジェクト「アジア循環型社会形成の将来」……81
- アジア循環型社会の構築とゼロエミッションの潮流……86

5. 東アジアにおけるゼロエミッション
竹林征雄……90
- はじめに……90
- グローバル・トリレンマとゼロエミッション……92
- 東アジアでのゼロエミッション啓発の準備……95
- ゼロエミッション啓発・普及活動の概観……98
- ゼロエミッションと持続可能社会形成への潮流と展望……106

はじめに
地域に適合した創造的なゼロエミッション活動を

さらなるスピードアップが求められるゼロエミッション

　20世紀は、先進国がその成熟した文明、文化を享受した反面、世界的な規模の環境問題や資源の枯渇問題、経済的には格差の問題や世代間公平の面での深刻な問題を引き起こした世紀でもあった。このままでは21世紀が輝かしい未来となるかどうか大きな危機感が持たれ、この解決のため、1992年にブラジルのリオで開催された「環境サミット」では、「持続可能な発展のための人類の行動計画」が採択された。

　環境サミットの採択を受けて、国連大学では翌1993年、「国連大学アジェンダ21」に続き、1994年に従来のアカデミックな研究活動とは異質の、直接社会を対象にした「ゼロエミッション研究プロジェクト」を提唱した。当初、行政府、産業界から好意的な支持を受け、さらに消費分野を包含する社会全般を対象とする活動に拡大した。

　1997年には、現在の経済産業省、環境省が、ゼロエミッションを理念とする「エコタウン」を国のプロジェクトとして制定し、現在26のサイトが国の承認を受けて活動を拡大している。また、2002年には農林水産省により「バイオマスニッポン」が国のプロジェクトとして制定され、現在では222を越える地域

でバイオマスを資源とする「バイオマスニッポン・プロジェクト」が地域おこし活動の一環として展開されている。

産業界においても、省資源、バイオマス資源利用、省エネルギー、新エネルギー利用、リユース、リサイクル、環境負荷の低減などゼロエミッションをコンセプトにした研究が強化され、多くの製品、システム、製造方法が開発、実施され、新しい事業も盛んになってきた。その意味では、世界をリードする先進的な分野ではないかと思われる。このように国連大学が提唱するゼロエミッションは、特に日本において、あらゆる分野で広く受け入れられ、持続可能な発展を実現するための強力なコンセプトとして産業・社会システム、ライフスタイルの変革に大いに役立ってきたと思う。

しかし、ゼロエミッションは、次世代の低炭素社会が最重要、緊急な課題だけに、さらなるスピードアップが必要である。このことは多くの問題を解決してきた日本の役割を維持するためにも必須の課題である。ゼロエミッションの目指す省資源、バイオマス利用、省エネ、新エネ、リユース、リサイクルを組み込んだ研究、開発、事業化に、今まで以上のインセンティブを与える制度、税制上の優遇措置を講じることが必要と思われる。

そしてまた、ゼロエミッションを目指す研究・開発や制度が、どれほど経済と環境の両側面から見て有効、かつ社会への受容性が高いか、適切に評価する手法を確立し普及させることは、持続可能な社会発展の加速に必須の課題である。

社会全体の変革には、長い時間が必要である。その解決のため、スピードアップする手法の一つとして、小さいながら

も先進的な実験ゼロエミッション地域を設定し、社会的実験を行い、多種多様な改革方法を検証し、世界の変革のスピードアップに寄与できればよいのではないかと思う。

海外でも地域振興へ繋がるゼロエミッションの理念

　国連大学のゼロエミッションフォーラムは、海外においてもゼロエミッション・コンセプトとその手法の紹介、普及活動を行ってきた。韓国、中国、ベトナム、タイ、マレーシア、カンボジア、インドネシア、シンガポール、アラブ首長国連邦、ブルガリア、イタリア、フランス、アメリカ、カナダなど14カ国において、延べ二十数回（荏原製作所畠山清二荏原基金やアジア生産性本部等との実施を含む）、現地の大学、経済界、行政府と一緒に講演などの交流会およびセミナーを開催してきた。それぞれ異なった現地の実情に適合した交流を行うことは大変難しく、満足を得られたのか反省しながらの試行錯誤であった。しかし、これらの国々でもゼロエミッションという言葉が理解され、ゼロエミッション活動がだんだんに浸透していく姿に接し、関係者一同、胸を撫で下ろした。

　ゼロエミッションの「ゼロ」という言葉の理解も、国により、人により同じではない。日本では、数学でのゼロのほかに漢字では「零」と買いて、零細とか極めて細かいという理解でも用いる。しかし、数学でのゼロ以外には理解しようとしない人々は、ゼロエミッションそれ自体を不可能な間違ったコンセプトであるとして、「ゼロエミッションを目指して」と変更すべきであるという意見や、社会との関係からすれば

「ゼロリスク」の方がよいのではないかという意見もあった。

　目指すゼロエミッションの世界は、多種多様な姿なのかも知れないし、そこへ至る過程も多種多様な道があるものと思う。文化も歴史も経験も異なり、気候も生態系も社会制度も異なり、最も重要な経済レベルの異なる色々な国々、地域でのゼロエミッション活動は、それぞれの地域、企業、社会に最も適した創造的なものである必要がある。

　一方で、貧困問題を解決しながらゼロエミッション活動を進展させることは、大変難しい問題である。しかしながら、ゼロエミッション・コンセプトが包含する――バイオマスの育成、バイオマスを資源とする各種産業の拡大、新エネルギーの利用、資源リサイクル、環境保全事業の拡充などの経験と知識、制度と技術を先進国と途上国で色々なレベルで交流、共有し実施する――ゼロエミッション活動による地域おこしは、雇用の増大と貧困問題をも同時に解決できる一助になると思う。環境を改善し、環境をよくすることは、経済の振興にも繋がり、環境と経済の融合を図ることとなり、ここでゼロエミッションの理念が大いに役立つ。そして、このことが地域をさらに活性化させ、地域振興へと繋がってゆく。

　先進国は先進国として、なお一層のゼロエミッション活動の強化が必要であるとともに、その経験と蓄積してきた知識や技術を積極的に交流することにより、国として、企業として、その存在価値を高め、持続可能なものにすることができると信じている。

　　　　　　　藤村宏幸（国連大学ゼロエミッションフォーラム・会長）

ゼロエミッション——
提唱から現在まで

ゼロエミッションの提唱に至るまで

　国連は、地球的規模で進行する環境悪化・地球資源の枯渇等を踏まえて、1987年「ブルントラント委員会報告」（Our Common Future）[1]を引き継ぎ、1992年6月ブラジルで「地球サミット」を開催した。この会議で採択された宣言は、「アジェンダ21：持続可能な開発のための人類の行動計画」（Agenda21：Programme of Action for Sustainable Development）[2]として発表されており、取り組むべき多くの課題とその対処が示されている（図1-1）。

　国連が、この地球サミットでアジェンダ21・持続可能な発展を打ち出したのは、先進国が20世紀の成熟した文明・文化を享受した反面、世界的な規模の環境問題や経済的に途上国との間で大きな格差が発生し、さらには世代間公平の面でも深刻な問題が引き起こされており、世界各国および国連が、このままでは来るべき21世紀が輝かしい未来となるかどうかについて、大きな危機感を持ったのがその理由である。図1-2（8ページ参照）は、この流れをフロー的に示したものである。

　ところで、中心コンセプトである持続可能性については、ブルントラント委員会は、「持続可能な発展とは、将来の世代

（1）社会的・経済的側面	（2）開発資源の保護と管理
・途上国の持続可能な開発を促進するための国際協力と関連国内政策 ・貧困の撲滅 ・消費形態の変更 ・人口動態と持続可能性 ・人の健康の保護と促進 ・意志決定における環境と開発の統合	・大気保全 ・陸上資源の計画および管理への統合的対応 ・持続可能な農業と農村開発の促進 ・生物多様性の保全 ・淡水資源の質と供給の保護 ・固形廃棄物および下水道関連問題の環境上適正な管理
（3）主たるグループの役割の強化	（4）実施手段
・持続可能かつ公平な開発に向けた女性のための地球規模の行動 ・持続可能な開発における子どもおよび青年 ・非政府組織の役割強化 ・アジェンダ21の支持における地方公共団体のイニシアティブ ・産業界の役割の強化 ・科学的、技術的団体	・資金源およびメカニズム ・環境上適正な技術の移転および協力 ・持続可能な開発のための科学 ・教育、意識啓発および訓練の推進 ・途上国における能力開発のための国のメカニズムおよび国際協力 ・国際的法制度およびメカニズム ・意志決定のための情報

図1-1　アジェンダ21の枠組み（抜粋）

の欲求を満たしつつ、現在の世代の欲求も満足させるような発展をいう」（Sustainable development is development that meets the needs of the present without compromising the ability of future generations to meet their own needs）と定義しているのみである。アジェンダ21でも、この考え方をそのまま引き継いでいるが、持続可能社会の諸指標に関しては、地球サミット以降、国連経済社会理事会の中に設置された「持続可能開発委員会」（CSD：Commission for Sustainable Development）をはじめ、各国政府が設置した同様の機関が、検討を行っている（第3節で詳述）。

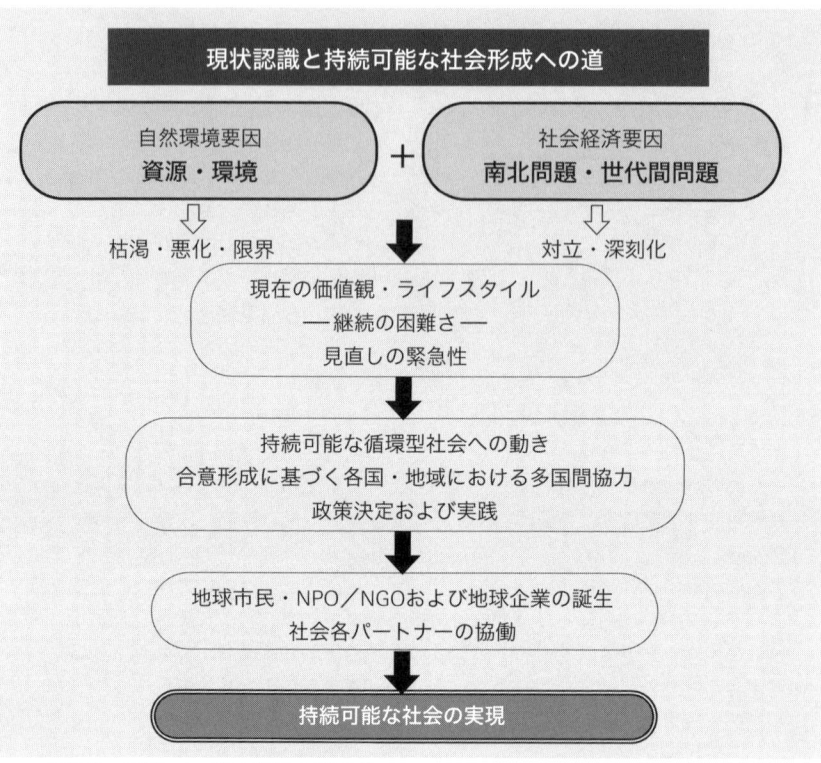

図1-2　アジェンダ21提唱の背景 [3)]

1-1「国連大学アジェンダ21」と研究プログラム（エコ・リストラクチャリング）

　国連の学術活動分野を担う国連大学は、アジェンダ21を受けて1992年後半より学長直轄の諮問グループを設置し、国連大学各機関、特に設置予定の高等研究所の総力をあげてアジェンダ21に示された内容に基づく活動の企画立案と実施に必要な人材育成、各国および国際社会全体の能力強化につながる、政策志向の研究課題を対象とするプログラムの検討に入った。

　この検討結果は、1993年初め「国連大学アジェンダ21」[4)]として発表された。すなわち、基本課題として、1）エコ・リス

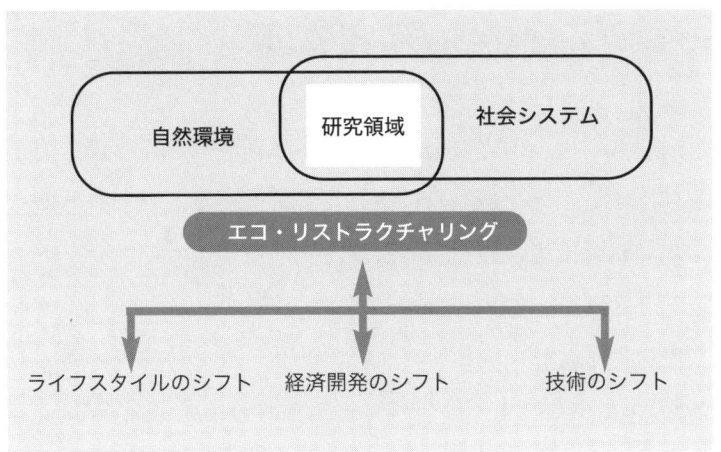

図1-3　エコ・リストラクチャリングのスコープ

トラクチャリング、2) 生態系許容力、3) 環境管理の3つを取り扱うことが提案された。この基本課題のうち、中心を形成するエコ・リストラクチャリングは、図1-3のように自然環境と社会システムにまたがる領域を研究対象と捉えており、技術、経済、社会の基本的変化への対応が研究分野となる。

　この枠組みの中の、経済社会における具体的課題であるエコ・リストラクチャリングの一プロジェクトとして、1994年4月に「ゼロエミッション」を提唱し活動を開始した。国連大学が、経済活動・産業活動を直接の研究対象とするのはきわめて異例であり、当時のデ・スーサ学長の意向が強く働いたもので、担当責任者としてベルギーから、G．パウリが招聘された。この研究に「ゼロエミッション研究構想」（Zero Emission Research Initiative）の名前をつけたのも、G．パウリである。

ゼロエミッション研究構想

　国連大学は、現実の経済活動・生産活動における廃棄物をゼロにすることを当面の目標としてスタートしたゼロエミッション研究構想の提唱にあたり、次のミッションステートメントを発表し、構想と指針を示した（表1-1）[5]。

　すなわち、ゼロエミッション（以下、ZEと称す）の考え方は図1-4に示したように、「1）①産業界の生産工程において、②工程で発生する廃棄物を連鎖的に利用することにより、③工程への全投入原材料をすべて利用できる、2）社会経済的発展を持続するために政策デザイン構築・政策決定が必須」である。換言すれば、生産工程において発生する廃棄物を廃棄物としてではなく、その段階で未利用状態にあると認識したこととZEを達成するために政策手段の重要性を強調していることである。

　ZEは、直接的には生産工程で廃棄物をゼロにすることを目標とするプロジェクトであるが、構想提唱の背景から「アジェンダ21」が究極の目標とする持続可能な社会を実現するための枠組みの中にあり、環境・資源サブシステム＝循環型社

表1-1　ゼロエミッション・ミッションステートメント

　The Zero Emissions Research Initiative will undertake scientific research, involving centre of excellence from around the world with the objective of achieving technological breakthroughs which will facilitate manufacturing without any form of wastes, i.e., no waste in the water, no waste in the air, no solid waste. All inputs are to be used in the final products, or have to be converted into value added ingredients for other industries. ZERI assists governments at all levels in the design of policy options for sustainable socio-economic growth.

❶ 通常の生産方式：インプット＝製品＋廃棄物
❷ ゼロエミッションンの考え方：廃棄物＝未利用物
　　　　　A企業未利用物＝B企業原料へ転換
　　　　　B企業未利用物＝C企業原料へ転換
　　　　　　　　　　繰り返し
　　　　　　　　　　　↓
　　　　　　　　クラスターの形成
❸ 革新技術：インプット＝製品
　　　　　：インプット＝製品＋未利用物（易利用性）
❹ 政　策　：ゼロエミッション推進の意思決定

図1-4　ZEの考え方

会形成のための具体的1プロセスであることを理解しておかなければならない。また、ZEが国の行政（当時の通商産業省）に「エコタウン構想」として取り入れられ、産業界にも受け入れられていく状況にかんがみ、国連大学は、1997年9月にZE構想の対象を、行政（政府機関）、産業界中心から地方自治体、市民等、社会全般にも拡大していくことを決定し、ミッションステートメントを改定するとともに（表1-2）、市民にも呼びかけを開始した[6]。

持続可能社会、循環型社会とZEの位置づけ

　第1節で述べたように、国連は、アジェンダ21で、中心コンセプトである持続可能性については、ブルントラント委員会の定義「持続可能な発展とは、将来の世代の欲求を満たしつつ、現在の世代の欲求も満足させるような発展をいう」を踏

表1-2　ZE改定ミッション・ステートメント（1997.9.1）[7]

> UNU/IAS
> Future Activities of the Zero Emission Research Initiative （Essence）
> －Enlarging the Concept of Zero Emission Research Initiative －
> Construction of Resources Recycling Society System
>
> Above all in Japan, the society have learned and understood this concept very well and precisely as a whole and are working to develop and realize their own ideas and planning. For example, many local government and corporations are implementing to aiming at the resources recycling society of zero wastes not only from production sectors but from consuming living circles. And, they are expanding targets and works to actualizing zero emission of both the wastes from nature made agro-bio materials and human made synthetic materials.
> The mission of UNU is to study and show to the world how to carry out the sustainable development and realize the sustainable society that was adopted in UN Earth Summit in 1992, and to research and disseminate the process for establishment of the resource recycling system as the major tool for this target. From the view point of this, UNU must be happy and pleased as Japan have understood the concept of ZERI very precisely and are implementing all zero emission works, which is ZERI's final process and target.
> At this time, UNU considers that UNU's zero emission activities have to be enlarged from the work in industrial sectors which UNU have hitherto appealed to the works for resource recycling system for that Japanese society challenge to develop and realize. In addition to business groups, in the new phase, UNU will involve scientific groups, local government groups and NGOs groups from Japan and abroad.

襲しているが、持続可能な社会の具体像を示す指標（インジケーター）に関しては、1992年の地球サミット以降、国連社会経済理事会の中に設置された「持続可能開発委員会」（CSD：Committee for Sustainable Development）が、各国政府・国際機関と連携して検討を続けて、1996年の1次案（134指標）、2001年の2次案（58指標コア・セット）に続き、2007年10月に第3次案（96指標を含む50コア指標）を発表した（図1-5）[8]。

筆者は、諸国の協力を得て実現したこの新しい指標群が各国で活用され、持続可能な発展の方向づけに貢献することを

> **持続可能性指標**
>
> 国連持続可能発展委員会（CSD）：第3次指標群策定
> ① 指標群：アジェンダ21を基本にし、各国の固有条件、優先度等を取り入れて作成
> ② 現状：各国が第3次指標群を基本にして、持続可能な発展政策・活動を推進
>
>
>
> **持続可能な社会、循環型社会とゼロエミッションのヒエラルキー**
>
> ❶ 持続可能な社会：国家、民族の相違や世代を超えて、すべての人類が自然の恵みを享受しながら健康で幸福に生活できる社会
> ❷ 持続可能な社会と循環型社会：循環型社会は、持続可能な社会を構築するための必須要件である環境保全・資源維持を実現するための1つのサブシステム
> ❸ ゼロエミッション：循環型社会を形成するための具体的な1つのプロセスである
>
>
>
> **持続可能な社会＞2つの懸念の克服＞循環型社会＞ゼロエミッション**

図1-5　持続可能な社会と循環型社会

期待しているが、適用する国・地域の状況により優先度には相違があり、完全に世界共通化することは必ずしも容易ではないと考えている。定量的理解、インジケーター的数値化が政策策定、現状評価に欠かせない価値を持つことを十分認めながらも、オピニオンリーダー的役割を担う国連大学にある筆者としては、持続可能な社会をコンセプト的に展望し方向づけをする立場でとらえている。すなわち、持続可能な社会とは、「国家・民族の相違や世代を超えて、地球上のすべての人類が自然の恵みを享受しながら健康で幸福に生活ができる社会である」と位置づけている[4]。

　この観点に立てば、持続可能な社会を実現するためには、地球環境を維持しながら自然の資源をいつまでも利用できることが基本条件の1つとなる。このような社会が、まさに循環

型社会であり、持続可能な社会に至るパスの1つのサブシステムである。

このように考えると、国連がアジェンダ21の原点においた最上位の概念である持続可能な開発、持続可能な社会形成と現在の課題である2つの懸念——「自然環境要因（環境悪化と資源枯渇）」「社会経済的要因（南北問題・世代間公平性）」と具体的課題への対処手段としての一サブシステム、循環型社会の関連を体系的に理解することができる。また、1994年に提唱されたZEは、循環型社会形成を可能にする資源循環型プロセスのサブシステムであることを理解することができるとともに、ミッションもより明確になる。

日本政府（環境省）は、2006年4月に閣議決定された「第3次環境基本計画」で、持続可能な社会は、「健全で恵み豊かな環境が、地球規模から身近な地域までにわたって保全されるとともに、それらを通じて国民1人1人が幸せを実感できる生活を享受でき、将来世代にも継承することができる社会」と定義しており[9]、筆者の考えときわめて近い。

資源循環型技術思想の変遷

アジェンダ21が発表される以前にも、主要国や多くの機関において循環型社会形成の活動が構想・実施され、すぐれた事例が生み出されてきている。ここで、技術思想発展の視点から主要なものを展望する（表1-3）。

表1-3からもわかるように、廃棄物削減、原単位向上、廃棄物利用による製品開発の努力は、戦前の企業においても実施

表1-3 資源循環型社会を目指した技術・産業コンセプトの発展[3]

時 期	コンセプト	内 容
❶ －1945	名なし	・廃棄物利用による製品開発
❷1945－	TQM・TQC	・プロセス改良、原単位向上
❸1960s後半－	クローズド・システム[10]	・環境改善・廃棄物利用システム―複数企業間連携―
❹1960s後半－	産業エコシステム[11]	・デンマーク・カルンボー―周辺企業・地域間協力―
❺1980s半ば－	クリーナー・プロダクション（UNEP）[12]	・低環境負荷生産システムの開発および普及のための社会システムの開発
❻1980s終り－	インダストリアル・エコロジー[13]（米国中心に発展）	・経済・文化・技術の発展を前提に環境負荷の評価／極小化を図る産業と環境間相互作用への取り組み
❼1980s終り－	LCA[14]	・製品ライフを通して原料入手から製品廃棄までの原料・エネルギー消費、全環境負荷の評価
❽1994－	ゼロエミッション（国連大学）[4]	・生産・消費活動で出るすべての廃棄物をゼロにする技術・経済・社会システムの開発と普及
❾1990s半ば	逆工場（東京大学）[15]	・リユース・リサイクルを配慮した製品設計
❿2000	3R（日本政府）[16]	・廃棄物循環を発生抑制、再利用、リサイクルとして総合化

され、工程で発生する廃棄物を投棄あるいは埋め立てするのではなく、副製品原料として使用する実例があったが、環境意識の未発達な当時においては1つのシステムとして位置づけるに至らなかった。企業におけるこのような活動は、戦後の「TQM／TQC運動」により本格化・組織化されるようになった。

　この活動は、1960年代以降、世界的に深刻化した環境悪化の改善対策と融合され、いわゆる「エンド・オブ・パイプ」の処理から、廃棄物リサイクル、企業間協力によるトータルな廃棄物削減・環境負荷低減を目標とする総合システムへ発展

していき、この過程で種々のコンセプトが提出されることとなった。また、これらのコンセプトが、技術コンセプトの枠組みを超えて社会経済政策と環境政策の問題にまで内容を拡大していくのは当然の成り行きであろう。

なお上述のコンセプトの中で、特にデンマークのカルンボーにおける産業エコシステムを高く評価したい。これは、60年代後半よりカルンボー地区に立地する企業群が工場廃棄物の相互利用によって環境負荷・環境対策費用の軽減を図るとともに、付加価値製品の開発・販売という総合戦略を企業努力として実施した世界初の事例であり、国連大学ZEの原型ともいえよう。また、このコンプレックスは、自治体と協力して廃熱を地域に暖房熱源として供給し、また薬品工場有機系廃棄物をコンポスト化して周辺農家に提供している。これは、産業企業群が企業間の協力によって環境改善や資源有効利用で成果をあげた事例にとどまらず、資源循環型社会における企業と自治体、社会との協働のあり方を示したすばらしいモデルでもある。

また「クリーナー・プロダクション」（CP）は、パリにある国連環境計画技術・産業・経済局（UNEP-DTIE）が推進しており20年の活動の歴史を持っている。このコンセプトは、クリーナー・プロダクションの名のとおり環境低負荷型の生産システムの構築を目指すものである。各国政府や企業への働きかけ、また2年ごとに各国でCPハイレベルセミナーを開催するなど普及活動にきわめて積極的であり、最近は産業界のみならず市民社会にも活動の対象を広げつつある。この戦略転換にともない、2000年代に入って、従来の名称、Cleaner

ProductionからSustainable Consumption and Productionに変更している。

「インダストリアル・エコロジー」は、80年代末より急速に米国中心に広がっているコンセプトである。この分野の成書としては初めてと言われる、『インダストリアル・エコロジー』を書いたアレンビーは、インダストリアル・エコロジーを「経済・文化・技術の発展を前提に環境負荷の評価と極小化を図る産業－環境間相互作用への取り組み」（表1-3参照）と定義しており、現状の地球環境・産業メタボリズムの解析から廃棄物極小化の技術システム（筆者は狭義のインダストリアル・エコロジーと理解している）を論じた。

1999年の第2版では、コンセプトを大幅に膨らませ国の環境政策・産業政策を主要課題として扱っており、持続可能社会での企業の共存可能性というチャレンジブルな課題を重要論点としている。インダストリアル・エコロジーは米国中心に目覚しい発展をとげてきているが、その理由はインダストリアル・エコロジーの実践的手法のみならず、その理論体系も米国の自由市場経済社会に受け入れられる形態になっているためと推測している。

「ゼロエミッション」は、国連大学が1994年に提唱したコンセプトで、生産工程に投入された原材料 (input)は、すべて生産物 (output) に変換されるという考えを骨子にしている（第2節参照）。

「逆工場」は、東京大学により提唱されたコンセプトで、人工物製品がそのライフを終わった時に部品・部材のリユース・リサイクルを容易化するための設計・生産プロセスであ

る。このシステムで人工物・製品が設計・生産されれば、循環型社会は加速されることになる。すでに多くの企業では、この思想にもとづいて設計・生産システムを推進させている。

「3R」は、日本政府が2000年に廃棄物の発生抑制（リダクション）・再利用（リユース）・再生利用（リサイクル）を総合化した資源循環型の総合政策で、現在多くの国において推進されている。ZEも、その中に含めていると考えている。

日本におけるZEの事例――社会に定着・普及した要因

日本におけるZEの代表的事例を表1-4に示したが、行政・自治体・企業の活動以外に、市民グループも積極的に運動に参加し、また地域商店街が環境改善のみならず、町おこし、地域活性化のツールとしてZEを推進してきている。ここで、ZE普及の要因を考えてみたい。

5-1　社会構造変化への対応

現在の社会は、中央集権型構造から分権型地方自治構造へ変化の過程にあり、行政（主として自治体）、市民、企業の連携と合意によって運営されていくものであろう。分権型地方自治が進展する21世紀において、3者の基本的関係は、図1-6[17]のようであると考えられている。特に、地域の中核としての自治体の責務は一層大きくなり、現代の価値観・ライフスタイルにも踏み込んだ理念の共有を市民・企業の中に定着させ、3者一体となって行動を進め、持続可能な循環型地域社会の実

表1-4　日本におけるZE活動事例

❶ 中央官庁・事業団・大学

経済産業省・環境省	エコタウン（現在の承認サイト・26）
環境事業団	ZE企業団地
国土交通省	臨海部リサイクル・コンビナート構想
文部科学省（旧・文部省）・東京大学	科学研究費重点領域研究ZE
JST・大阪大学	環境低負荷型社会システム― CCP

❷ 自治体

北九州市	北九州エコタウン
川崎市	川崎エコタウン
長野県飯田市	エコタウン
東京都板橋区	エコポリス板橋・環境都市宣言
山形県庄内町（旧・立川町）	農山村型ZE

❸ 団体・企業・地域

日本機械連合会	ZE型産業ネットワーク調査
キリンビール	ビール生産ZE
太平洋セメント	エコセメント事業
ホンダ	グリーンファクトリー・ZE
大林組	ZE建築現場
神奈川県内陸工業団地	ZE工業団地
早稲田商店街	いのちの町づくり

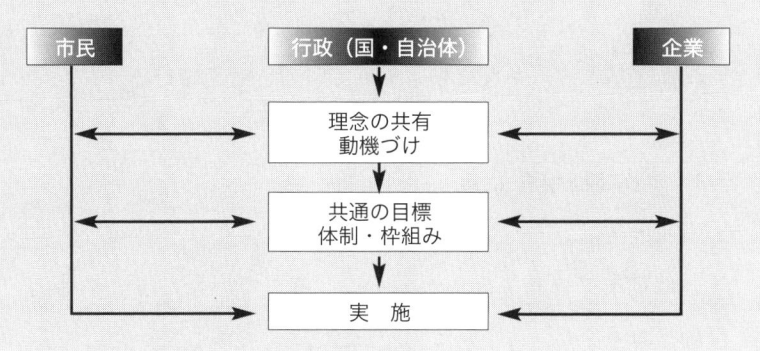

図1-6　行政（自治体）・市民・企業の役割 [17]

現をより確実にしていくことが望まれる。国連大学は初期からこのことを十分に理解し、この3者に対して同様の働きかけを行ってきた。この行動パターンは、国連大学の機能を強化

するために、2000年に設立された国連大学ゼロエミッション・フォーラム（以下、ZEFと称す）の活動においても踏襲されている（第6節）。

5-2 理念と効果の整合

ZEは、持続可能な社会、循環型社会形成のための有力な手法であるが、それだけで社会に定着・普及することはない。特に産業界は、現実の経済効果を評価する。このことを配慮し、国連大学は、ZEが、①地球環境と調和する社会経済システムの構築や②活力ある持続的発展の継続に有用であることを、産業界のみならず行政に対しても繰り返し説明をしてきた。また、市民を含めた社会全般には、従来の廃棄物を自然界に捨て、自然を傷つけるシステムをやめて、循環型社会を形成するためには、ある程度のコストが発生すること、それを社会全体として負担する必要のあることの啓蒙活動も継続してきた。これらの考え方は、2000年に成立した「循環型社会形成推進基本法」でも取り組まれていると考えている。

5-3 柔軟なZE推進手法

国連大学は、ZE手法を詳細に指導するよりは、ZEの理念あるいは基本プロセスを各実施者に理解していただき、具体的行動プロセスは、それぞれで考え出して実践していただく方法を選んだ。換言すれば、廃棄物をゼロにするという具体的計画、実施内容、手段を当事者に委ねた柔軟性が、日本社会に受け入れられた大きい要因の1つであった考えている。

持続可能な循環型社会形成に向けて——ZEの展望

6-1　国連大学ZEFの創設と活動

　すでに述べたように、国連大学はZEを提唱して以降、この活動は持続可能な循環型社会を実現するための実践的なプロジェクトと位置づけ、したがって社会各ステークホルダーとの協働が欠かせないことを認識し、この考えに添って行動をしてきた。

　また、ZEを提唱した直後から、産業界、マスメディア、学界、自治体の有志の方々が、ZEに関心を持たれ、その意義を評価された。これらの方々が有志グループを形成され、国連大学の活動を支援されてきた。国連大学とこの有志グループは意見交換を重ね、国連大学の活動を一層促進するための機関の必要性で合意し、国連大学の承認のもとに、国連大学ZEF（任意団体）を2000年4月に設立することとなった。

　ZEFの活動方針、会則、活動成果等は、ホームページ[18]に詳細に記載されているが、会則第2条（目的）には、設立の構想に沿って、「ZEFは、産業界、自治体／地域活動、学界の3つのネットワークを相互に連携させ、環境、経済および社会を総合的に考慮した持続可能な発展を目指すZE構想の普及および実現を推進する」と規定している。国連大学と協働で、国際会議の開催、各ネットワークの企画する研究会開催、情報提供、先進自治他や企業の視察・見学ならびに海外での普及活動など広範な活動を積極的に行っている。また、ZEF事務局は、国連大学構内にあって、基礎的インフラ関係の便益は国連大

学から無償で提供されているが、活動にともなう費用はZEF会員からの会費、負担金によってすべて自ら賄っていることを強調したい。

6-2　ZEの展望

●ZEと他の技術思想の関係

　第4節の資源循環型技術思想の変遷（表1-3）に示したように、ZEはむしろ後発のコンセプトであり、デンマークのカルンボーのような先行事例も1970年代には存在していた。例示した以外にも、「ファクター4/10」や「ナチュラル・ステップ」等も有名であり、また国際環境自治体協議会（ICLEI）も世界的な活動を行っており、少なくとも欧州、北米等先進国においては、ZEは主流の思想とはなっていない。

　筆者は、思想・文化の多様化の流れの中で、今後も多くのコンセプトが生まれてくることを予感する。また、そのことを持続可能な社会形成のために好ましいこととも考えている。しかし、これらコンセプトはそれぞれの独自性、手法を主張しているが、内容においてはきわめて類似しているように思われる。もちろん、これらのコンセプトは、各地域における思想・伝統・文化等の制約を受けて創出されたものであり、考え方やプロセスも若干異なるが、アジェンダ21の持続可能な発展・社会形成を最終目標とするならば、コンセプトの独自性を競い、人材・資源を分散させるよりはコンセプト間の交流を進め、コンセプトの融合をめざし、大きな思想体系に統合することが緊急のことではないかと考えている。またこのことは、受益者にとってもきわめて効果的である。

●ZEは今後、何をすべきか

　国連大学および国連大学ZEFは、ZEの旗のもとに、社会におけるコンセプトの理解と普及に注力してきた。関係者の努力により、ZEは、日本社会の大きな流れとなってきている。国内のすべてのステークホルダー――国、自治体、企業、研究機関、市民／NGOにおいてはもちろん、最近は海外諸国、特に東南アジア諸国においても理念が理解され、実際の活動が進展している。いかなる思想・コンセプトも、成果なしには浸透・普及することがないから、この意味でZEは大きな成果をあげたと言える。

　しかし一方、コンセプトの根幹にかかわる問題の研究が少なすぎたようにも思われる。コンセプトのヒエラルキーの関係について、特にアジェンダ21が明記している持続可能な発展・社会形成のための諸要件を実現するための社会経済システム、意識改革について検討が不足していたように思う。

　ZEは、同類のコンセプトとの差別性や優位性を明確にすることができるのか。また、ZEのコンセプトを、物質循環の範疇にとどめておくのか、あるいは社会経済システムの根幹のコンセプトに変革できるのか。このための検討、研究は容易ではない。しかし、「the richer, the cleaner」なるコンセプト[19]、さらには最近の経済危機への対応等を見る時、サステイナビリティ（Sustainability）という思想を埋没させない持続可能な社会を実現するための社会経済システムの確立や市民の意識改革のための基礎的研究は、最重要の緊急課題であると考えている。また、これらの研究は、南北問題や世代間公平の問題解決にもつながるものと考えている。

内外の識者、関係者の自由でフレキシブルな意見交換、討議に基づいた研究により、この課題の研究が進展し、持続可能な社会形成の理論づけ、方向づけがなされることを期待している。この時こそ、ZEが世界の先導的コンセプトとして国際的な評価を受ける時になる。

坂本憲一（国連大学ゼロエミッションフォーラム・アドバイザー）

参考文献

1) The World Commission on Environment and Development, Our Common Future, Oxford University Press :1987

2) 国連事務局、Agenda 21:1992

3) 坂本憲一・鵜浦真紗子、「季刊環境研究」、121号33ページ、2001；Sakamoto,K.：Zero Emissions' 10Years, UNU内報告書、2004

4) 国連大学、「国連大学アジェンダ21」、1993

5) 国連大学 (Pauli, G.)、Zero Emission Research Initiative :1994

6) 坂本憲一、「リサイクル型社会の実現に向けて」、埼玉県東部清掃組合・市民リサイクルカレッジ講演テキスト、1998.7；坂本憲一、「ゼロエミッションが動きはじめた」、ニュートン臨時増刊、4月号74ページ、1999

7) 国連大学高等研究所、Results and Future Activities on the Zero Emissions Research Initiative and The 2nd UNU Conference on Japanese Regional Zero Emissions Network :1997

8) 国連CSD、The United Nations, Indicators of Sustainable Development, Guideline and Methodologies：1次案・1996；2次案・2001；3次案・2007（1次案紹介・地球環境学No.10、持続可能な社会システム、岩波書店、1998）

9) 日本政府、「環境循環型白書平成19年版」、23ページ、2007

10) 大山義年監修、「クローズドシステム化技術資料集大成：インジェクトシステム」、1976

11) Ehrenfeld,J and Gertler, N, The Evolution of Interdependence at Kalundborg, Journal of Industrial Ecology, Vol.1, Nr.1 pp67 :1997

12) UNEP-DTIE, UNEP's 6th International High-Level Seminar on Cleaner

Production（CP）資料、Montreal, Canada, 16-17 October :2000

13）Graedel, T.E. and Allenby, B.R., Industrial Ecology, Prentice Hall :1995 ; Allenby, B.R., Industrial Ecology : Policy Framework and Implementation, Prentice Hall :1999

14）山本良一、「日本の科学と技術」、特集LCA、35巻273号、1994

15）吉川弘之＋IM研究会、「逆工場」、日刊工業、1999

16）環境省編、「平成12年版循環型社会白書」、75ページ、2001

17）松下圭一、「日本の自治・分権」、岩波新書、1996から作成

18）国連大学ゼロエミッションホームページに記載（グーグル検索可能）

19）How many planets ? A survey of the global environment, The Economist,July 6th, pp50p(1-16) : 2002

国連大学が導いたZEF
——海外との交流

はじめに

　1992年、ブラジルにおいて、UNCED(国連環境開発会議、通称「地球サミット」)が開催され、同年、持続可能な開発を目指した行動計画「アジェンダ21」が採択された。

　これを受けて、1993年、国際連合大学（UNU）では、環境的に持続可能な開発プログラム「国連大学アジェンダ21」を決定し、持続可能な開発に向けた人材開発などを目標とする方針を決定した。この方向に沿って、国連大学では、「ゼロエミッション研究構想」（ZERI）が立ち上がり、提案者の学長顧問グンター・パウリ（当時）や国連大学高等研究所所長のタルセシオ・デラセンタ、その後の副学長鈴木基之等のリーダーシップでコンセプトの整備が進められた。さらに、国連大学高等研究所が日本国内での地域発ゼロエミッション（以下、ZEと称す）の啓発、広報活動を行ってきた。ZEのコンセプトは、当時の環境庁や通商産業省（現在の環境省や経済産業省）でも政策の中心に位置づけられ、国のエコタウン事業などの基盤を与えることとなった。

　2000年、ZE運動をさらに普及させるため、国連大学ゼロエミッションフォーラム（以下、ZEFと称す）が創設され、産業

界、自治体・NPO、学界のそれぞれの分野でネットワークを構築し、その統合体としてのフォーラムが活動を推進することとなった。

国内の大学においては、100名を超える大学研究者が参画しており、重点領域研究「ゼロエミッションを目指した物質循環系の構築」(1997-2000)などの大型プロジェクトや、科学技術振興調整費による「循環型社会システムの屋久島モデルの構築」(2000-2003)などが推進された。日本学術振興会では産学連携138委員会「ゼロエミッションシステムの構築」が設置され、いずれもZEFの活動との密接な協力関係が保たれていた。

その後、日本は低炭素社会、3R社会、自然共生社会を基盤とする持続可能な社会形成を目指す方向で進むことになるが、これはZEの目指すところと軌を一にし、持続可能な社会の日本モデルの構築が重要な方向として意識されるようになっている。

東南アジアの国々では、日本政府、産業界、学界、国連大学などの支援と協力を受け、これまでの日本の経験を短期間に学習すると同時に、地域に即したインフラ整備のもとに、循環型社会、バイオマス社会などを実現する方向でのZE活動も見られるようになっている。

ゼロエミッションの考え方

1990年代に入り、世界は大きな変貌を遂げることとなった。もちろん、最大の政治的な変化は、それまでの東西二極構造にあった世界が、1989年の「ベルリンの壁」の崩壊に象徴的に

示されるように、ソ連中心の東側の体制が崩れ去り、米国型の市場経済が世界を席巻するようになってきたことである。同時に、この時期には地球規模の環境変化が顕在化し、1988年の米国上院エネルギー委員会でのハンセン博士の証言（人為的な原因による地球温暖化問題の深刻さを訴える）も引き金となり、同年、「気候変動に関する政府間パネル」（IPCC）が組織された。

これらの背景となっているものは、技術的には情報科学技術の急速な進展により、地球上の情報距離がきわめて短くなり、共産圏を覆い隠していた「鉄のカーテン」を情報が透過することとなったことが挙げられる。同時にまた、電子計算機能力の拡大が、地球の気候変化の将来予測の試みなどに新しい展開をもたらすことになったことも見逃せない。

このような背景とあいまって、この時期、地球規模での人間活動の拡大に起因する種々の問題が認識されるようになった。それは、たとえば環境問題、経済状況、有限な資源の3つの分野での相克として認識され、従来型の産業社会の構造変化をいかに設計するかという形の議論となって表れた。この認識は、環境面では温暖化、自然災害の増大、森林破壊、オゾン層破壊、海洋汚染、酸性雨問題など。経済面では特に、途上国を念頭に置いた食料不足と飢餓、貧富の格差拡大、人口増大問題である。そして、資源問題では化石資源など地下資源の枯渇、資源の争奪とエネルギー不足、水を巡る紛争、食料資源の確保等の問題である。

人類が抱えている課題―経済開発、環境劣化と資源の枯渇の3要素の間で生じるリスクが人類に危機を及ぼすという命題

は、一地域や一国内の問題ではなく、先進地域も開発途上地域も一体となった全世界での行動を開始しなくては解決することが難しい。この全世界的な問題の所在は、人間活動の拡大による近代工業化がもたらす物質的豊かさと表裏の関係にあり、工業化が人間の幸せにつながるという、誤った信念に裏打ちされていたところにあったと言ってもよいであろう。しかしながら、現実には近代工業の進展は、大量の資源採掘、大量生産、大量消費に伴う大量廃棄物、大量エネルギー消費につながり、地域における環境破壊、資源の枯渇、地球規模の環境変化へとつながったということが国際的にも意識され、種々の解決への道筋が提案されることになった。

産業プロセスの改変を目指す動きとしては、たとえば国連環境計画（UNEP）、国連工業開発機関（UNIDO）などが提案した「クリーナー・プロダクション・システム」は生産プロセスから廃棄物を最小化しようとする試みであり、「インバース・マニュファクチャリング」は、最終製品から原材料への材料・資源の還元を目指す「逆工場」の構想などが謳われたものである。

「ゼロエミッション」という言葉は、廃棄物ゼロ、ゴミゼロなどと認識されることも多かったが、もちろん「排出がゼロ」という意味であっても、それより広い意味が込められた言葉である。前述のように、国連大学では1994年以来、ZEを「資源の完全利用」という思いを込めて使用し、1995年の国連大学主催の「ZE世界会議」で世界へ盛大に発信された。

産業の生産プロセスで製品を生むためには、当然、原料や副資材を要し、その生産プロセスからは、必ず製品には含ま

れることのない部分が廃棄物として排出される。そもそも原料と製品は一致することがなく、廃棄物を無にすることはできない。クリーナー・プロダクションの限界はここにある。

「廃棄物」の定義は、いわば価値のない不要物ということであるが、その生産プロセスでは不要物であっても、別の場においては資材として利用可能、あるいは原料として別の有価物を生み出すこともあり得る。この観点から、廃棄物を積極的に他の場、他の産業で活用するという生産プロセスの組み合わせ（クラスター）を考え、システム全体として外部への廃棄物を無にする方向を考えよう、という努力が産業におけるZE化であると考えることができる。

この考えを図2-1に示す。異なる産業間の物質循環のネットワーク形成によって、資源が有価物に転換され、廃棄物を払

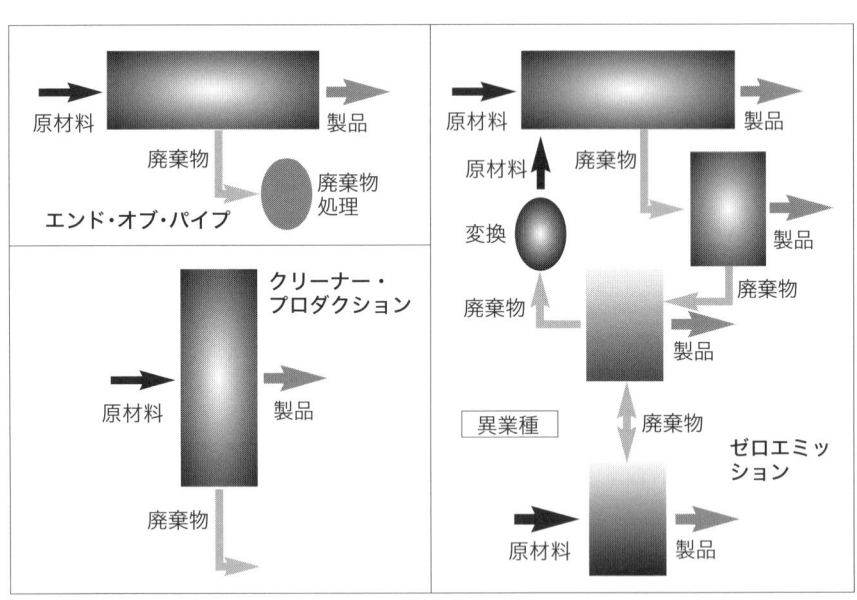

図2-1　エンド・オブ・パイプ、クリーナー・プロダクションとゼロエミッションの比較

拭し、新たな産業の構築、雇用の創出も可能となるだろうという発想である。

ZEはもちろん産業界のみではなく、消費活動を中心とする家庭部門、あるいは社会全体、さらには自然生態系をも含んだ健全な物質循環系を構築するために必要となる考え方である。ZE化が十全に行われるようになれば、社会のすべての分野で有効な資源の利活用が達成されると同時に、環境負荷も軽減され、持続可能な人間活動が総体として構築されることとなる。

このような方向を目指して、2000年に結成されたZEFは、各ネットワークそれぞれにおいて、またZEに関心を持たれた諸外国との交流を通じて、この概念を拡張することになった。

1999年に国連大学で開催されたZEFの設立に向けた国際会議（後述）では、スウェーデンのNPO法人「ナチュラル・ステップ」の代表、カール・ヘンリック・ロベールが、持続可能な社会のための「4つのシステム条件」として、

❶自然の中で地殻から掘り出した物質の濃度が増え続けない
❷自然の中で人間社会が作り出した物質の濃度が増え続けない
❸自然が物理的な方法で劣化しない
❹人々が自らの基本的ニーズを満たそうとする行動を妨げる状況を作り出してはならない

を挙げており、この考え方はZE活動の基盤となる考え方と整合する。

また、フランスにある「ファクター10研究所」のシュミット・ブレーク代表は、資源生産性を高める方向での「ファク

ター」という指標の提示を行っているが、この指標もZEFの活動を進める上で、重要な考え方となることが確認された。

国内、アジア地域のZE普及活動と循環社会形成の潮流

3-1 ZEFの国内の活動

　国連大学ZEFに関する国内の自治体の関心は高まり、その要望に応じて、ZEFは結成以来、年に1～2回、日本各地においてZEFシンポジウムを開催し、その地域の特性を考慮しつつ、ゼロエミッションの考え方の普及を図る努力を継続してきた。これは、ZEFの坂本憲一研究員が中心となり、ZEFの中心メンバーや国連大学の研究者の基調講演や地域でのZE活動に関する討論を行うことを通じて、広く地域の方々、自治体の担当の方々などと交流を進めることを意図したシンポジウムであった。この地域ZEFシンポジウムの開催は、種々の可能性を掘り起こすことに寄与し、地域に貢献したZEFの主な活動の1つと言える。

　この地域ZEFシンポジウムの開催に先立つ2001～2002年には、国連大学高等研究所で地域をテーマとしたワークショップが4回開催された。徳島県、山形県立川町（当時）、三重県、東京都板橋区、京都府、静岡県沼津市、岩手県などの事例が紹介され、官・学・NPO・民などとの交流が行われた。

　その後は、以下の表2-1に示す「ゼロエミッションフォーラム・イン・○○（地域）」というシンポジウムがZEFの主催で開催され、ほぼ日本全体をカバーするに至った。これらのフ

表2-1　地域ZEFシンポジウムの開催経過

2003年：三重県、静岡県三島市、宮城県
2004年：東京都板橋区、岩手県、川崎市
2005年：千葉県市川市、広島県、京都府、沖縄県那覇市
2006年：青森県、徳島県、静岡県、北九州市、岡山県真庭市
2007年：山形県庄内町、秋田県、富山県、長野県飯田市
2008年：沖縄県宮古島市、千葉市、愛知県
2009年：愛媛県松山市

ォーラムの記録は、国連大学ZEFにおいてまとめられている。

3-2．ZEFの国際的な活動

●ZEFの揺籃期

これまでZEFのアジア地域における発信や交流は、様々な形で活発に行われてきた。ここでは、ZE構想が生まれて以来の特に主要な活動を概観するにとどめる。

「ZE世界会議」は、ZEFの創設以前に行われた会議である。第1回は1995年に国連大学において、第2回は1996年に米国チャタヌガと国連大学を映像で結び行われたが、第3回は1997年にインドネシア（ジャカルタ）において開催された。その後、ナミビアにおいて開催されるなど、ZE活動は国際的な存在感を徐々に増していった。

ZEF創立にとって、大きな意味を有する国際会議は、1999年11月に国連大学で開催された「工業化社会におけるゼロエミッション社会に関する国際会議」（表3-2）である。その内容は、表3-2に示すように、当時の第一線の考え方を網羅し、歴史的に位置づけられる会議となった。この会議の成果を受けて、国連大学のゼロエミッション活動が「ゼロエミッションフォーラム」（ZEF）として組織化されることになった。

表3-2　「工業化社会におけるゼロエミッション社会に関する国際会議」
(1999) プログラム

○第1日　11月8日（月曜日）
開会セッション
　歓迎の辞　　ハンス・ファン・ヒンケル（国連大学学長）
　　　　　　　山路敬三（日本経団連副会長）
開会セッション（2）　ゼロエミッション社会をつくる理念（1）
司会　山路敬三
　基調講演　　鈴木基之（国連大学副学長）：
　　　　　　　循環型社会に向けたゼロエミッションの取り組み
　特別講演　　カール・ヘンリック・ロベール（ナチュラル・ステップ代表）：
　　　　　　　ナチュラルステップ―戦略決定のためのシステム
　特別講演　　リード・リフセット（エール大学教授）：
　　　　　　　再生可能な資源による産業のエコロジー

産業セッション（1）産業ゼロエミッションと環境経営の進展（1）
司会　谷口正次（太平洋セメント）
　講演1　アーリン・ペダーセン（カルンボー産業開発協議会）：
　　　　　カルンボー工業団地の産業共生
　講演2　吉田弘之（大阪府立大学教授）：
　　　　　アウトプット-インプットデータベースと変換技術
産業セッション（2）産業ゼロエミッションと環境経営の進展（2）
司会　羽野　忠（大分大学教授）
　講演3　白水宏典（トヨタ自動車）：
　　　　　トヨタの環境戦略とゼロエミッション
　講演4　桜井正光（リコー）：リコーの環境戦略とゼロエミッション
　講演5　宗雪雅幸（富士写真フィルム）：
　　　　　レンズ付きフィルムの成功とゼロエミッション化
産業セッション（3）産業ゼロエミッションの将来（パネルディスカッション）
チェアマン　鈴木基之
パネラー：谷口正次、アーリン・ペダーセン、吉田弘之、羽野　忠、
　　　　　白水宏典、桜井正光、宗雪雅幸

○第2日　11月9日（火曜日）
学術セッション　ゼロエミッション社会をつくる理念（2）
司会　山本良一（東大生産研教授）
　講演1　フレデリック・シュミット・ブレーク（ファクター10研究所代表）：
　　　　　ファクター10―新しい成長のしくみ
　講演2　ロバート・アイヤー（国連大学IAS客員教授）：
　　　　　サービス・エコノミー
　講演3　藤江幸一（豊橋技科大教授）：
　　　　　地域における物質循環とゼロエミッション
　講演4　ペーター・エイラー（フラウンフォーハー化学研究所）：
　　　　　ドイツのゼロエミッション―その方法論、技術および協力関係

地域セッション　全国に広がる地域ゼロエミッション
司会　加藤三郎（環境文明研究所）

講演1　タルセシオ・デラセンタ（国連大学IAS所長）：
　　　　地域ゼロエミッションのためのガイドライン
講演2　吉井正澄（水俣市長）：水俣病問題を克服して
講演3　村瀬　誠（墨田区環境清掃部）：都市における雨水循環利用
講演4　林　光昭（川崎市経済局）：川崎市エコタウン構想

討議セッション　ゼロエミッション社会への道
チェアマン　三橋規宏（日本経済新聞）
参加者：山本良一、加藤三郎、ディーター・ウォーナー（フライブルグ市
　　　　環境局長）、フレデリック・シュミット・ブレーク、
　　　　ロバート・アイヤー、森　芳郎（ZERI鎌倉プロジェクト）

閉会の辞　山路敬三：「ゼロエミッションフォーラム設立に向けて」

　　　　　　　　　　　　　　　　　　（*肩書きは当時のまま）

　その後、東南アジア、中国、韓国などZEに関心を有する相手国とZEに関する会議を共催することも多く、2006年以降は、国内でスタートした東京大学ほか4大学による「サステイナビリティ学連携研究機構（IR3S：Sustainability Science Consortium）」の国際交流と協調してシンポジウムなどを開催することも多くなった。

●ZEFと中国との交流
　中国では、2000年を境にして市場経済へ向けて舵を切り、経済発展が急速に進行し、それに伴って環境問題が深刻化する中で、循環型社会への関心も非常に高まってきた。2001年、国連大学ZEFは、天津工業団地の開発計画に関して視察交流を行った。
　2002年10月10、11日には、日中国交正常化（1972）30周年を記念する科学技術交流事業として、「日中環境シンポジウム」が北京で盛大に開催された。準備のためには、「日中環境シン

ポジウム促進協議会」が組織され、日中友好環境保護中心（北京）とともに、会議のプログラムを整えた。

　会議は初日のシンポジウムとして、「循環型経済・社会の創造をめざして」が持たれ、2日目には3つの並行シンポジウムとして「循環型社会と廃棄物」「循環型社会と水環境」「循環型社会と大気環境」が開催され、日本側と中国側とでほぼ同数の発表が行われた。ZEF関連の参加者も、山路会長（当時）をはじめ、三橋規宏、鈴木基之、藤江幸一、迫田章義、竹林征雄、藤田普輔、羽野忠、岡田光正など研究者の報告も10件近いものがあり、中国側の高い関心を集めた。

　この会議で初めて「循環（型）経済」という言葉が、中国側の発表の中に見られるようになった。言葉の定義、考え方などについては、日本側参加者の関心を大いに集めたが、未だ十分に理解可能な概念とはなっていないとの印象を受けた―「持続可能な社会を担う経済」という漠然とした言葉ながら、実質的にはゼロエミッションの示す資源循環を実現する方向での経済のしくみを念頭に置いているように思われた。

　この後、中国では、貴陽市の「ゼロエミッション（零放）研討会」（2004年）などを経て、わが国の支援による環境モデル都市構想による新都心設計などへつながっていくこととなった。

　2007年には、国連大学ZEFと中央政府の国家発展改革委員会・環境と資源総合利用局とが共催した資源循環に向けた会議が、北京で開催された。全国から企業と省政府、大都市の環境関係者が参加し、第1回目のZEフォーラムが成功裏に終わった。中国側からは活発な発表があり、多くの質疑応答がな

された。循環経済城区に関する紹介などもあり、中国側の発表には、「世界の製造工場」と言われ始めた中国が、経済のみならず環境へも充分眼を注いでいる、というアピールも多分に含まれていた。

国連大学ZEFと中国との交流は、その後2008年にも杭州で開催され、中国側のニーズに応じ、これからも一層進化していくものと思われる。同時にまた、中国の経済力の拡大に伴って各研究者間の交流も一層広く深く進展しており、今後の日中の科学技術、あるいは環境面での交流はいかにあるべきか、その理想とする姿を考慮すべき時期となっていることも間違いない。

● ZEFと韓国との協調

韓国では、資源循環に対する認識は比較的ゆっくり進んでいる。

2003年、ソウルで開催された韓国商工省付属研究所主催の国際会議「エコ工業団地」では、ゼロエミッションの概念の紹介が行われたが、未だ種々のエコ工業団地の先進事例の学習という段階にとどまっているように思われた。

その後、韓国経済連合会のZEや資源循環などへの関心の高まりが機運となって、2007年、2008年と続けてZEセミナーを韓国内で開催した。韓国は、日本と似て資源、エネルギー源に乏しく、製品輸出に頼らざるを得ない外需依存の国である。ZEによって一層の資源循環利用を図り、資源生産性効率向上を図っていくと思われる。

その成否は、韓国とZEFとの連携が今後どのように進むか、

韓国側がいかに日本の経験を利活用しようとするか、にかかっていると言えよう。

●ZEFとアジア諸国

　アジア諸国でのゼロエミッション活動は、工業化が進んだ国のZE活動とは異なって、農業、林産などを中心としたバイオマスの利活用が重要な視点となるであろう。これはタイ、マレーシア、インドネシア、ベトナムでも、あるいは他の熱帯、亜熱帯気候にある地域、モンスーンの影響を受ける地域でも共通する課題となるだろう。

　これらの国々では、持続可能な社会と生活を実現していくために、地域のバイオマスを有効に利活用することにテーマを絞り、特にバガス、パームオイルやキャッサバ、地域によっては稲作から派生する非可食バイオマス、場合によってはバイオマス用の農作物などからエネルギー代替燃料を生産する方式、資源循環利用の持続可能なシステムなどにきわめて関心が高い。

　日本側からは、ZE活動の提言やZE概念の理解拡大に向けた人材育成面での協力が必要であろう。大学、政府関係者は、ZEとバイオマスの関係性に多大な関心を示しているものの、産業活動へZE概念を反映するのは、これからというところである。

　ちなみに、2005年以降、国連大学ZEFとベトナム、インドネシアとの交流が行われ、2006年以降はIR3Sとの共同事業として、シンポジウムなどが継続して行われている。

●その他

　ZEFが、特定分野に関して検討を行ってきた活動の進展として特記すべきことに、氾濫する電子機器関連の廃棄物問題に取り組んでいるStEP（Solving the E-waste Problem）という活動がある。現在は、ZEFの関連事業として、ドイツのボンに事務所を置き、StEPイニシアティブという活動を推進している。

　さらに、究極のZEとしてのバイオマス利活用活動との協力関係の構築も、途上国を念頭に置きながら、国内でも活発に進められている。

おわりに

　世界中で、人間活動の拡大が、地球の供給するサービス能力をすでに超えてしまったことが認識されている現在、資源が有限な地域ではいかなる人間活動圏を構築していくのか、その中でもとりわけ、人口が増え続ける途上国の行く末はどうなるのか、などなど我々は深刻な課題に直面している。

　このような深刻な課題に対して、ZEという考え方は、今後も人間社会の在り方を提示する試みとして、きわめて重要であり続けるであろう。自然生態系と人間活動との共生をいかに考えていくか、という次元でZEシステムが実現されていくためには、将来の生き方そのものに関わる問題として、国全体のビジョン形成への取り組みが必要となってくるであろう。

　ちなみに、2004年、ZEの10周年記念に国連大学で開催された「賢人会議」は、鈴木基之、三橋規宏を共同議長とし、ハンス・ファン・ヒンケル（国連大学学長）、R. K.パチャウリ（IPCC

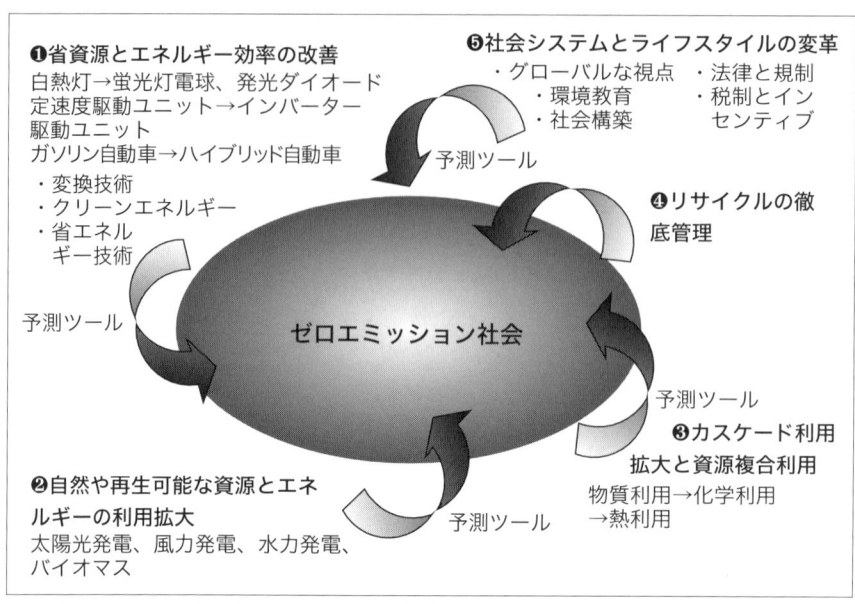

```
❶省資源とエネルギー効率の改善          ❺社会システムとライフスタイルの変革
白熱灯→蛍光灯電球、発光ダイオード      ・グローバルな視点  ・法律と規制
定速度駆動ユニット→インバーター        ・環境教育          ・税制とイン
駆動ユニット                            ・社会構築            センティブ
ガソリン自動車→ハイブリッド自動車
 ・変換技術                                    ❹リサイクルの徹
 ・クリーンエネルギー                            底管理
 ・省エネ
   ギー技術

予測ツール            ゼロエミッション社会

                                              ❸カスケード利用
                                              拡大と資源複合利用
❷自然や再生可能な資源とエネ                    物質利用→化学利用
ルギーの利用拡大                               →熱利用
太陽光発電、風力発電、水力発電、  予測ツール
バイオマス
```

図2-2 ゼロエミッション社会実現に向けて

議長、TV参加)、今道友信（哲学者）、石川英輔（作家）、安田喜憲（国際日本文化研究センター 教授）、藤村宏幸（ZEF会長）、ホアン・マルティネス・アリエ（バルセロナ自治大学教授、経済学）、フリードリヒ・シュミット・ブレーク（ファクター10研究所代表）、北川正恭（前三重県知事、早稲田大学教授）、カール・ヘンリック・ロベール（ナチュラルステップ・インターナショナル会長）、岡部敬一郎（コスモ石油代表取締役会長）により開催された。会議の記録はビデオで収録されているが、人間社会の将来の方向性を考えていく上で興味深い示唆が多数読み取れるものとなっている。なお、筆者が考えるZE社会の実現へ向けての考え方を図2-2に示す。

竹林征雄 （国連大学ゼロエミッションフォーラム・プログラムコーディネーター）

鈴木基之 （国連大学特別顧問・放送大学教授）

参考文献

1）Zero Emissions Manual Drafting Committee, Zero Emissions Manual, KAIZOSHA Co. :2003

2）国連大学ゼロエミッション・フォーラム編、「賢人会議」（上／下）、海象社、2005

3）http://www.unu.edu/zef/events_j.html

4）http://c3.unu.edu/unuvideo/index.cfm?fuseaction=event.home&EventID=46

5）屋久島プロジェクト・ワーキンググループ、「ゼロエミッション屋久島プロジェクト」、海象社、2004

6）鈴木基之、日中国交正常化30周年記念「循環型社会をめざして」シンポジウム、北京市日中友好環境保全センター、国連大学、2002/10/9〜11

7）Visualization of a Sustainable Industrial Society-Zero Emission Approach,Conference on Eco-Industrial Park,Seoul, 2003/1/23

ゼロエミッション活動で地域から環境国際貢献

はじめに

　わが国の戦後の環境問題は、産業公害から都市生活型公害、自然環境問題、廃棄物問題、そして地球規模の問題へと徐々にその中心課題が変化してきた。

　北九州市では、まず激甚な公害を経験し、これを市民運動が嚆矢となって産・学・官あげての対策で克服した。その後、自治体国際協力への発展、国内随一の事業集積を誇るエコタウンや、政令指定都市初の家庭ごみ有料化によるごみ減量政策に代表される資源循環型社会への取り組みを進め、さらにはPCB廃棄物処理施設の立地、環境モデル都市としての低炭素社会への挑戦と、きわめてユニークな環境政策を展開し続けてきた。

　その中で、特に国内の他の自治体と比べて突出している取り組みが、「自治体主導型環境国際協力」である。公害克服から低炭素社会への取り組みまで積み上げてきた多くの実践経験を踏まえ、国際貢献と地域活性化を併せてねらう独自の政策である。

　また国連大学ゼロエミッションフォーラム（以下、ZEFと称す）には、2000年、当時の末吉興一市長が発起人として設立当

初から参加し、2007年、北京で開催されたZEFと中国国家発展改革委員会のセミナーでは自ら講演するなど積極的に係わってきた。

　本章では、まず北九州市の環境政策の歴史を概観し、次に中国の大連市や青島市、天津市等との間の協力の歩み、さらにはアジアを中心とした協力の広がりについて紹介する。

北九州市の環境政策の歴史概観

2-1　公害克服の時代（1960年頃から1980年頃まで）

　日本の近代化、工業化を支えた北九州市が公害を認識し、女性の市民運動をきっかけにして産・学・官・民のパートナーシップで公害を克服した時期である。多くのステークホルダーが係わった「北九州方式」と呼ばれる取り組みは、その後の環境政策の幅広い展開への基礎となった。特に女性の運動は、「アジアの環境と女性」という観点でのユニークな市民活動につながっていった。

2-2　国際協力への取り組み（1980年頃から1990年代前半まで）

　1980年、地元経済界が中心になって設立した財団法人北九州国際研修協会（現在の財団法人北九州国際技術協力協会〔KITA〕）は、設立以来、研修生の受け入れ、専門家の派遣など世界各国との技術協力を進め、その活動は国内でも類を見ない。また、わが国ではじめて自治体提案による事業が、本格的な政府開発援助案件として実施された中国大連市との協力や、東南アジア諸都市との多くの環境協力事業が着実に広

がっていった。これらは、北九州市独自の地域政策であり、国際的にも多くの賞を授与されている。

2-3 資源循環型社会への対応（1990年代半ばから2000年代前半まで）

　1997年に正式にスタートしたエコタウン事業は、現在、国内随一の施設集積を誇っている（写真3-1参照）。試行錯誤を繰り返しながらの10年間は、静脈産業という新たな領域への挑戦の歴史であった。また、世界的な課題でもあったPCB廃棄物の国内初の広域処理施設の立地計画から稼動後の現在に至る経緯は、一般に「迷惑施設」と言われる公共的な施設の立地を行政や住民がどのように受け止めるべきか、という課題に大きな示唆を与えた実例である。さらに、政令指定都市でいち早

写真3-1　北九州エコタウン・総合環境コンビナート全景

く始められた家庭ごみ処理の有料化とその後の大幅な料金改定は、ごみの大きな減量効果につながっているが、その原動力は「住民との協働」がキーワードである。

2-4　持続可能な都市づくりへの発展（2000年代前半から後半）

　2004年秋、「世界の環境首都」をキャッチフレーズに、「北九州市環境首都グランドデザイン」を策定した。これは、狭義の環境政策にとどまらず、経済的・社会的側面をも統合した「持続可能な都市」づくりをめざそうというものである。環境負荷の低い製品やサービスを地元から世の中に送り出そうという「エコプレミアム推進事業」、政令指定都市では初の「自然環境保全基本計画」をもとに、豊かな自然と都市との共生活動を実践する「自然環境サポーター」、「東アジア経済交流推進機構」という環黄海の日中韓10都市間のネットワークから発展している天津市や青島市への環境協力等、現場での実践分野は次々と広がっている。また、2009年に開設した「次世代エネルギーパーク」など、国内でも有数の質と量を誇る環境教育施設群を持ち、市内外からのビジターを受け入れている。

2-5　低炭素社会モデル都市への挑戦（2008年以降）

　2008年、北九州市は、わが国が世界に率先して取り組む「低炭素社会」を先導するために政府が募集した「環境モデル都市」の1つに選定された。その提案書には、CO_2削減の目標として、2030年に30％、2050年には50％、加えてアジア地域で150％（2005年比）という挑戦的な目標を掲げている。その実行のために、「北九州グリーンフロンティア」を旗印にアクシ

ョンプラン(行動計画)を定めたところである。

同プランの中では、低炭素化社会の「見える化」をめざした「紫川エコリバー」「低炭素モデル街区」、製鐵所のコークスガスを活用した「水素タウン」、アジア地域へのさらなる協力を進める「アジア低炭素化センター」などが構想されている。

環境国際協力の基盤、体制

以上述べたように、北九州市の環境政策は、その時代時代の要請に対応し、自治体としての「手作りの実践」を積み重ねてきた歴史である。これらの経験をもとに、1980年代以降環境面の国際協力を展開してきたが、その推進には、市内に立地する多くの機関が係わり、また国内外の多くの都市や企業とのネットワークが協力を支えている。

3-1　(財)北九州国際技術協力協会(KITA)

1980年、民間主導で設立されたKITAは、地元企業を中心に蓄積された鉄鋼を中心とする生産技術とそれに付随する環境技術で途上国の経済発展に協力しようとする組織である。北九州市と連携して、国際研修、専門家派遣、コンサルティング、市内企業の環境国際ビジネス支援、国際会議の開催などを行う。ちなみに、2008年度末までに133カ国、5,366人の研修生を受け入れ、25カ国に144人の専門家を派遣してきた。事業推進にあたっては、北九州地域を中心とする200以上の産・学・官の機関が広範な支援を行っている。

3-2 （独）国際協力機構九州国際センター（JICA KIC）

JICA（独立行政法人国際協力機構）の九州地域の総合窓口と研修員受け入れの機関である。1990年に設置され、年間700名に上る開発途上国からの研修生受け入れ、さまざまな研修コースの実施、さらには青年海外協力隊やシニア海外ボランティア等の募集、国際協力に関する広報、情報提供を行っている。KITAと隣接しており、有効な連携が図られている。

3-3 （財）アジア女性交流研究フォーラム（KFAW）

1990年、北九州市の「ふるさと創生事業」として設立された。北九州市の公害克服のための市民運動を主導した婦人会のDNAを引き継ぐ団体と言える。JICA事業の受託、人材育成、さらには「北東アジア女性環境会議」の開催などを通じ、「環境・開発・ジェンダー」を中心テーマとした精力的な活動を国際的に展開している。

3-4 （財）国際東アジア研究センター（ICSEAD）

1989年、北九州市のほか多くの企業、大学等の協賛を得て設立された財団である。東アジア地域各国の経済発展や社会問題などを調査研究・分析し、国際社会と北九州市をはじめとする地域社会の発展に寄与することを目的としている。ICSEADが提唱した「環黄海経済圏構想」は、現在、「東アジア経済交流推進機構」という形で実を結んでいる。

3-5 （財）地球環境戦略研究機関（IGES）北九州事務所

1999年に設置された同機関の北九州事務所は、「北九州イニ

左上／(財)北九州国際技術協力協会：途上国からの研修生受け入れ、専門家派遣、技術協力、『環境NGO』のはしり。左下／(財)アジア女性交流研究フォーラム：『環境と開発と女性』をテーマに多彩な活動。右下／(独)国際協力機構九州国際センター：途上国からの研修生受け入れ

写真3-2　北九州市の国際協力の拠点

シアティブネットワーク」（後述）の事務局機能を果たしながら、各都市の成功事例の共有、環境政策に関する調査研究を行っている。

3-6　東アジア経済交流推進機構（OEAED）

環黄海地域のビジネスチャンスの拡大と相互交流の活発化をめざし、1991年から活動を続けていた「東アジア6都市会議」を発展的に改組し、2004年、日中韓10都市の行政と経済界が参加した組織である。

・日本：北九州市*、福岡市、下関市*
・中国：大連市*、天津市、青島市*、烟台市
・韓国：仁川市*、釜山市*、蔚山市

（*印は、東アジア6都市会議からの会員）

北九州市国際部が事務局機能を持ち、隔年持ち回りで総会を開催し、環境、ものづくり、物流、観光の4部会で具体的な活動を行っている。このうち環境部会では、都市環境情報集の作成、環境研究者リストの作成、環境人材育成事業、中国国際環境保護博覧会への出展などを実施している。このプラットフォームの存在は、加盟都市間での具体的な交流・協力案件のインキュベート機能も果たしている。

3-7　アジア環境協力都市ネットワーク

　東南アジアには、97年に設立した「アジア環境協力都市ネッ

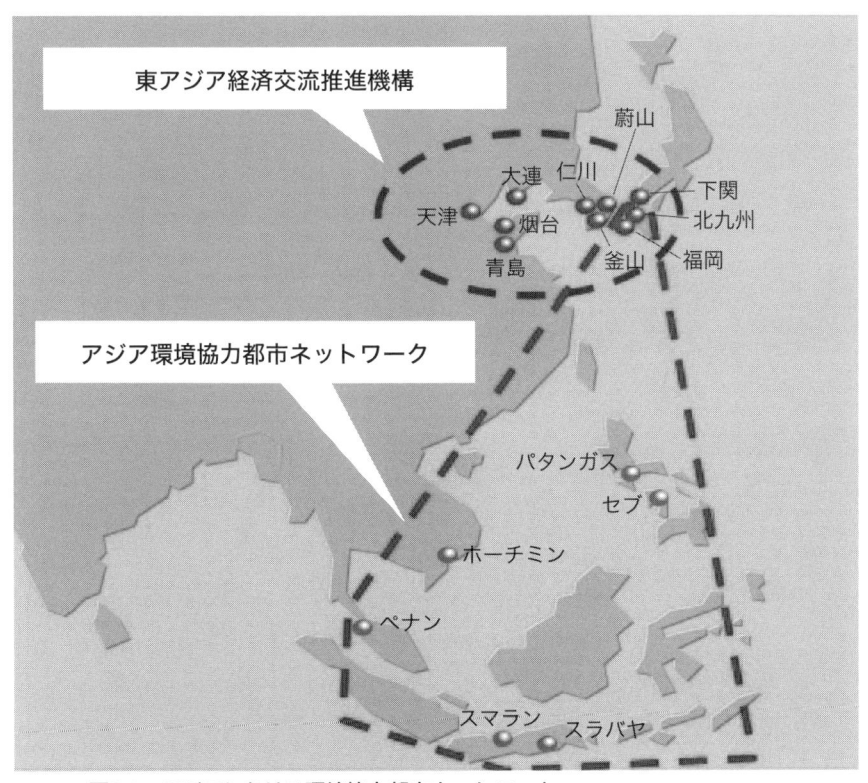

図3-1　アジアにおける環境協力都市ネットワーク

トワーク」を有している。4カ国6都市が参加しており、それぞれの都市が持つ経験を共有しながら人材交流などを行っている（図3-1参照）。

3-8　北九州イニシアティブ（KI）

2000年の「国連アジア太平洋経済社会委員会」（ESCAP）主催の「環境と開発に関する国際会議」では、北九州市の公害克服・都市再生の経験をモデルに、アジア・太平洋地域の環境改善を推進するために環境対策技術や情報を共有しようという「クリーンな環境のための北九州イニシアティブ」が採択された。

これに基づいて創設された「北九州イニシアティブネットワーク」には現在、アジア・太平洋地域18カ国62都市が参加しており、都市環境改善のためのセミナー、スタディツアー、パイロットプロジェクトなどを行っている。

2002年、南アフリカのヨハネスブルグで開催された「地球サミット」で公式に採択された政府間合意文書にも、KIが有効なアプローチとして明記された。

3-9　北九州環境ビジネス推進会（KICS）

北九州地域の企業や人材が保有する技術を活かし、新規事業創出や国際連携によるビジネス展開を図ることを目的として、1998年に設立された。北九州市環境局内に事務局をおき、現在42社が会員となっている。2005年には、中国・大連市環境保護産業協会との友好調印を締結している。これまで、双方の市で行われる環境技術展示会への相互出展などの交流を行

ってきた。

中国・大連市との交流、環境協力の歴史

4-1 友好交流の歴史

　北九州市は、かつて中国大陸への日本の窓口であり、門司港と大連港は1929年から1944年まで定期旅客船で結ばれていた。戦後も、門司港が中華人民共和国成立後初の日本への貿易船「燎原号」の第一寄港地になるなど、北九州市と中国との深い関係が継続した。その後、1972年の日中国交正常化を経て、1979年に当時の旅大市（現・大連市）と北九州市の間で友好都市提携が調印された。以来、1991年には駐大連事務所が開設され、経済、港湾、文化、スポーツ分野など、市民レベルも含め多様な交流が続けられた。

　環境分野では、北九州市が、1981年に大連市で「公害管理講座」を開催して以来、研修生の受け入れや専門家派遣などの一般的なプログラムを実施していたが、技術協力を本格化するために、1993年、大連市で「大連・北九州技術交流セミナー」を開催した。北九州市側は、中国語の環境技術関連の手作り教科書を作成し、市内の産・官・学の約50名が参加した。

4-2 大連環境モデル地区計画──地方自治体と政府開発援助（ODA）との連携

　このような1つ1つの事業の積み重ねを経て、両都市間の協力は新たなステップを迎えることになった。

　1993年、KITAの水野理事長（当時）は、北九州市を訪問し

た宋健国務委員に対して、大連市を中国の「環境モデル地区」に指定し、集中的な環境改善を行うことを提案した。この計画は、中国国家環境保護局の重点事業に組み込まれ、当然大連市も賛同し、北九州市に協力を求めてきた。

　しかし、問題は事業資金である。北九州市、外務省、JICAなどの関係者を巻き込んだ議論の末、日本の政府開発援助（ODA）事業として開発調査が実施されることが決まったのは1996年のことであった。

　調査は約3年間実施され、北九州調査団は、①環境行政能力の向上、②モニタリング技術の向上、③下水処理場の運転管理の適正化、④都市計画策定支援、⑤低公害生産技術（CP）の導入促進などを担当し、2000年にマスタープランがまとまった。

　計画は、大気汚染、水質汚濁、廃棄物などの公害対策から、工場移転などを含む都市計画までを含む総合的なもので、施設整備などのハード対策に加え、人材育成などのソフト対策も含まれていた。

　この計画に基づき4件の円借款事業が採択・実施され、北九州市内企業の専門家が技術指導にあたるなど、事業実施段階でも協力を行った。これを機会に大連市側も新たに自動車公害や廃棄物管理の部署を新設したほか、市民の環境教育の強化、環境保護産業の振興などに力を入れ始めた。

　こうした努力の結果、2001年、大連市は国連環境計画（UNEP）から「グローバル500」を受賞した。この一連の協力の経過は、地方自治体と国が連携した新たな国際協力のあり方として注目されることになった。

さらに、水道事業においても、2000年以降、経営管理、漏水防止、安全・安定給水、人材育成などの分野で協力が行われている。

4-3　エコタウン協力にも着手

　北九州市は、後述するように中国で先進的な「静脈産業園」建設を進めている青島市、天津市との協力を行ってきたが、大連市においても同様の計画が持ち上がった。大連市からの強い要請を受け、2009年度より、エコタウン協力事業を開始することとなった。

　事業内容としては、①大連市での循環型社会構築に向けた基礎情報収集・解析、②大連市が策定中である生態工業園区(静脈産業類)建設計画に対する計画支援、③具体的協力事業の検討、④大連市でのフォーラムの開催、などが予定されている。

中国・青島市、天津市との交流、環境協力の歩み

　中国では、2008年に「循環経済促進法」が採択され、2009年1月から施行された。その対象とするところは、日本のいわゆる「3R」の概念より広く、エネルギー消費、水利用などの側面も含んでいる。急激な経済成長が続く中国では、循環型経済を意識した具体的な政策が始まっている。

　日本のエコタウンにも大きな関心を持っており、各地で「生態工業園」「静脈産業園」といった名称の計画が進んでいる。

その中でも、北九州市を何度も訪れたことのある解振華国家環境保護総局長（当時、現在は国家発展改革委員会副主任）の発言の影響もあり、多くの中国政府、地方政府関係者が北九州エコタウンに関心を寄せている。2009年12月には、習近平国家副主席も北九州市を訪れた。

5-1　青島市との協力

　青島市は、先に述べた「東アジア経済交流推進機構」の前身である「東アジア6都市会議」（1991年設立）の一員だったこともあり、十数年来の交流があった。

　2006年12月、甘利経済産業大臣（当時）の訪中の際、中国政府からエコタウンに関する協力要請があった。経済産業省は、日本の自治体に蓄積されたノウハウを活用した協力事業の実施を決定し、青島市とのカウンターパートとして北九州市が協力することになった。

　2007年9月、北京で開催された「第2回日中省エネルギー・環境総合フォーラム」で北九州、青島両市間の覚書が交わされた。協力内容は、①「青島新天地静脈産業園」のマスタープラン改定の支援、②家電リサイクル事業への政策・技術提言、③青島市関係者の訪日研修、④セミナー開催による成果PRなどである。

　この協力は、2008年度でいったん終了し、その後は東アジア経済交流推進機構の環境部会等の機会を活用し、交流を継続することになった。

5-2　天津市との協力

　天津市も、東アジア経済交流推進機構の一員として、2004年頃から環境、物流分野を中心とした交流を行っていた。

　2006年から2007年にかけては、「資源である廃棄物」が国境を越えて移動することに着目し、経済産業省の支援を受け、東アジア地域における安全・安心な国際資源循環のトレーサビリティのシステムを開発するための調査や実証実験を、両市間で実施した。一方、天津市は、2007年以来、中央政府主導の下、シンガポール資本などを導入した「天津生態城」（エコシティ）構想を進めている。

　このような背景の中、2007年末、当時の福田首相の天津市訪問をきっかけに、天津市と日本との省エネ・環境協力が行われることとなった。2008年5月、総理官邸において胡錦涛国家主席と福田首相が見守る中、北橋健治北九州市長と黄興国天津市長との間で、循環型都市協力事業の実施にかかる覚書が交わされた。

　覚書に基づき、2008年度は、①「天津子牙工業園」のマスタープラン策定支援、②自動車リサイクル事業のアクションプランへの提言、③日本の法制度や北九州市の事例紹介、④天津市の企業や公的機関対象の訪日研修などを実施した。特に、自動車リサイクル事業については、北九州エコタウンの自動車リサイクル事業の中核となっている企業と天津市内の企業との間での共同事業実施が検討されている。

　2009年度以降は、ビジネスミッションの派遣等により、さらに広範な企業間交流を予定している。

アジアでの協力の広がり

6-1　東南アジア各地での協力

　東南アジアの諸都市とは、1997年に開催した「アジア環境協力都市会議」以来、多くの都市との間で多様な交流・協力を行ってきた。

　その概要を表3-1にまとめたが、工場診断、河川環境整備など多くの分野にわたっており、また北九州市の市民やNGOが参加した事業もある。

6-2　インドネシア・スラバヤ市との協力

　スラバヤ市は、インドネシア・ジャワ島北部にある、人口約300万人の都市である。

　2002年から、本市とKITAが共同し、スラバヤ市の家庭や市場から排出される生ごみの堆肥化事業をスタートさせた。事業は現地のNGOとも協力して進められ、これまで2万世帯以上の家庭にコンポスト容器が普及した。それと同時にごみ分別も進み、3年間で10％以上の一般廃棄物が減量された。

写真3-3　スラバヤ市のごみ最終処分場

写真3-4　堆肥化技術を指導する高倉氏と現地住民

表3-1　北九州市と東南アジア都市間協力 （*表中のCPは「低公害生産技術」のこと）

1997年	《アジア環境協力都市会議開催、ネットワーク形成》
1997-2001年	ホーチミン市　中小企業のCP導入に係る工場診断・セミナー開催
2001-2004年	「スマラン市モデル河川環境改善プロジェクト」実施
2000年	フィリピン・セブ市　地域環境改善支援（CP導入）
2002年	アジア廃棄物適正処理調査実施（インドネシア・スラバヤ市、中国・重慶市）
2003年	フィリピン・セブ市　地域環境改善支援（生活廃水処理）
2004年	《東アジア経済交流推進機構環境部会設立》
2004年〜	インドネシア・スラバヤ市　生ごみ堆肥化・リサイクル促進事業
2005年	ベトナム・ハノイ市　3Rイニシアティブ活性化事業への専門家派遣
2005年〜	タイ・バンコク市　有機性廃棄物適正処理推進事業

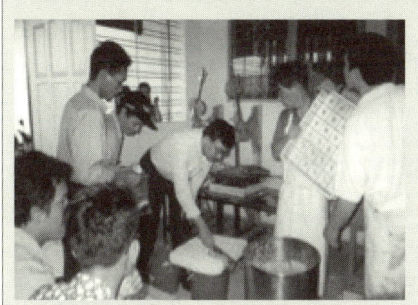

豆腐工場での技術指導
（インドネシア・スマラン市）

モニタリングの指導
（フィリピン・セブ市）

アジアでの協力の広がり

　堆肥化技術は、（株）ジェイペック若松環境研究所の高倉弘二氏が何度も現地に足を運び開発したもので、「TAKAKURA METHOD」（方式）として現地住民に知られている。合言葉は「ローエネルギー、ローコスト、シンプルテクノロジー、地域の気候風土と習慣」である。作られた堆肥は、家庭の収入になり、その堆肥を活用して街の緑化も進むなど、その効果は廃棄物処理にとどまらず、住環境の改善や住民コミュニケーションの強化、さらには雇用の創出にもつながっている。堆肥化技術は、JICAの協力の下、現在は、インドネシアの周辺都市をはじめ、タイ・バンコクやマレーシアの都市への展開

が始まっている。

6-3 カンボジアとの水道技術協力

途上国の環境問題は、日本人が考えるより幅広く、たとえば水道事業もその1つである。

北九州市の水道事業は、100年以上の歴史を有しているが、これまでインドネシア、エジプト、ベトナムなど7カ国に延べ79名の専門家を派遣し、技術協力を行ってきた。また研修員も120カ国、延べ1,164名に上る。

カンボジアの首都プノンペンは、数十年続いた内戦（1991年に終結）により、水道施設が施設面・人材面ともに壊滅状態だった。北九州市では、1999年以来、厚生労働省などからの推薦を得て、世界銀行やアジア開発銀行の資金協力の下、精力的な協力を続けている。

協力内容は、世界銀行などの資金援助で全面的に更新された施設を適正に運転し、維持管理するための人材育成である。プノンペン水道公社も、日本の協力によく応え、水道料金収納対策や不正行為の排除などに代表される"グッドガバナンス"を発揮している。表3-2にこれまでの成果をまとめたが、飛躍的な改善が見られる。

今後の展開と課題

7-1 何のための国際協力か

さて、北九州市は何の目的で環境分野の国際協力を進めているのだろうか。世界が低炭素社会づくりに向けて「共通だ

表3-2　プノンペン市水道の改善

比較項目 / 比較年	1993年	2006年
職員数/1,000給水栓	22人	4人
1日最大給水量	65,000m³/日	235,000m³/日
行政区域内水道普及率	25%	90%
給水時間	10時間	24時間
平均給水圧力	0.2kgf/cm²	2.5kgf/cm²
給水戸数	26,881戸	147,000戸
無収水量率（漏水率）	72%	8%
水道料金納付率	48%	99.9%

が差異ある責任」による努力が続けられている今、その目的は主に3点に整理される。

　まず第1に、世界の環境問題への貢献である。公害対策はもちろん、循環型社会づくりから低炭素社会づくりに至るまで、北九州市が持つ経験や技術が途上国に移転、応用され、環境問題の改善に資することになれば、当然その意義は大きい。もちろん協力によるCO_2削減が、いわゆる「自治体CDM（クリーン開発メカニズム）」として北九州市自らの削減にカウントにされることも期待している。

　第2に、地元企業のビジネスチャンスの拡大による地域経済の活性化である。自治体の人と金という資源を使った協力であることから、当然、地域経済へのプラス効果が必要である。

これまで、協力案件から、市内企業の中国進出や製品販売などにつながった例がいくつかある。

第3に、都市ブランドの確立である。アジアの環境政策担当者や専門家の間では、想像以上に「KITAKYUSHU」は知られている。このイメージをもっと広め、ビジターズインダストリー、企業立地、人材獲得などにつなげたいと考えている。

7-2　「アジア低炭素化センター」構想

2008年、政府の環境モデル都市に選定された北九州市は、アジア地域への国際協力によるCO_2削減への貢献分について、2005年比マイナス150％という挑戦的な目標を掲げている。そのための拠点として整備しようとしているのが、「アジア低炭素化センター」である。

センターは、①専門人材の育成、②調査研究、情報発信、③関連機関の連携・調整、④モニタリングの実施などの機能を有する機関として想定している。また、市内企業や大学の環境技術集積を最大限活かし、ビジネスベースで技術移転を行うとするものである。現在、その設立に向けて準備が進んでいる。

7-3　課題と展望

最後に、北九州市の今後の環境国際協力の展開における課題を整理しておきたい。

まず第1に、国内外の専門家や関係者から高く評価される国際的な環境協力政策であるが、市民感覚ではまだ評価が広がっていない。また、一般的な都市イメージの向上への貢献も

図3-2　北九州市の環境国際協力総括図

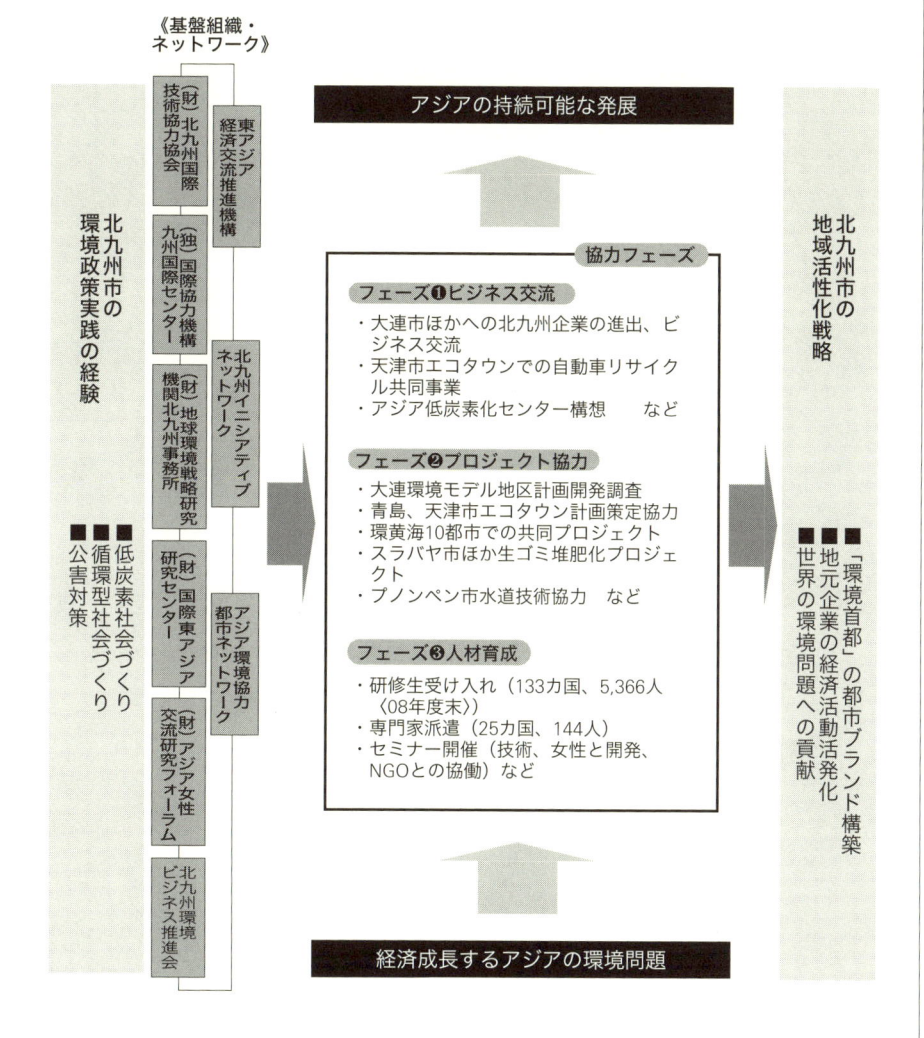

《基盤組織・ネットワーク》

- (財)北九州国際技術協力協会
- 東アジア経済交流推進機構
- (独)国際協力機構九州国際センター
- (財)地球環境戦略研究機関北九州事務所
- (財)国際東アジア研究センター
- (財)アジア女性交流研究フォーラム
- 北九州環境ビジネス推進会

北九州イニシアティブネットワーク
アジア環境協力都市ネットワーク

アジアの持続可能な発展 ↑

協力フェーズ

フェーズ❶ ビジネス交流
- 大連市ほかへの北九州企業の進出、ビジネス交流
- 天津市エコタウンでの自動車リサイクル共同事業
- アジア低炭素化センター構想　など

フェーズ❷ プロジェクト協力
- 大連環境モデル地区計画開発調査
- 青島、天津市エコタウン計画策定協力
- 環黄海10都市での共同プロジェクト
- スラバヤ市ほか生ゴミ堆肥化プロジェクト
- プノンペン市水道技術協力　など

フェーズ❸ 人材育成
- 研修生受け入れ（133カ国、5,366人〈08年度末〉）
- 専門家派遣（25カ国、144人）
- セミナー開催（技術、女性と開発、NGOとの協働）　など

↑ **経済成長するアジアの環境問題**

北九州市の環境政策実践の経験
- ■公害対策
- ■循環型社会づくり
- ■低炭素社会づくり

北九州市の地域活性化戦略
- ■「環境首都」の都市ブランド構築
- ■地元企業の経済活動活発化
- ■世界の環境問題への貢献

まだまだである。市の広報ブランド戦略と合わせ、さらなる努力が必要である。

　第2に、公害対策の経験はある程度整理されているが、高い評価を受けているエコタウンに代表される「資源循環都市づ

くり」については、これまでの「実践知」「経験知」が必ずしも体系的に「形式知」化されていない。また、人材情報も散逸気味である。今後の具体的な国際協力事案に効果的に対応するには、「形式知」として整理する作業が不可欠である。

第3に、北九州学術研究都市や「国際東アジア研究センター」等の知的インフラを整えてきたが、市の環境政策との連携が必ずしも十分でない。アジアから有為な人材を呼び込み、また国内の他大学等との共同研究やネットワーク構築による新たな展開が期待される。

第4に「低炭素社会づくり」は未踏の世界であり、国際協力以前に、まずは自らの実践が必要である。そのためには、これまでの政策の延長上にない発想が求められ、①技術革新、②意識改革、③都市構造改革、④制度改革の4つの視点で総合的な取り組みを展開していかなければならない。

第5に、「持続可能な都市」にチャレンジするには、環境と経済的側面に加え、社会的側面からの本格的な政策アプローチが必要である。北九州市は、政令指定都市の中で高齢化率が最も高いが、一方で大都市にしては農村型地縁関係がかなり残っている。中国や韓国など東アジアの諸都市は、じつは遠からず高齢化時代を迎えることが予想されており、福祉分野への北九州市視察もかなり多い。

北九州市が行政の縦割りを超え、地域力を生かした社会関係資本（ソーシャルキャピタル）を再構築し、真にサステイナブルな都市づくりを進めていけば、幅広い新たな国際協力の地平が開かれていくのではないか。

おわりに

　私が、「大連環境モデル地区計画」担当だった1993年ごろ、外務省やJICAに行っても、自治体は全く相手にされなかった。地域主権の時代、「地域は、そこに住む人が立ち上がり、自らつくっていかなければ、決してよくなることはない」（宮本常一）のである。

垣迫裕俊（北九州市小倉北区長、北九州市立大学大学院特任教授）

参考文献
1）北九州市、「北九州市環境首都検定公式テキスト」、2009
2）北九州市環境首都研究会、「環境首都―北九州市　緑の街を蘇らせた実践対策」、日刊工業新聞社、2008
3）北九州市、「大連市との環境国際協力のあり方に関する調査報告書」、1995
4）北九州市、「アジア低炭素化センター創設に関する報告書」、2009

ZEF（学術界）と連携した IR3S事業の国際的視点と展望

「サステイナビリティ学連携機構」による循環型社会構築の構想

　「サステイナビリティ学連携機構」（IR3S：Integrated Research System for Sustainability Science）は、東京大学に本部を置く5つの参加大学と6つの協力機関によって構成された学術連携組織である。2005年度に発足し、そのフラッグシッププロジェクトの1つとして、2006年度より「アジア循環型社会形成」がスタートした。

　その構成は、図4−1に示すとおりであるが、大阪大学は、エコ産業社会の転換を主題として大学全体の研究を行いつつ、フラッグシッププロジェクト「アジア循環型社会の構築」の主幹事として、副幹事の北大と協力しながら、すべての参加大学のメンバーを得て調査研究活動を行ってきた。その成果は、初期にサステイナビリティ学入門[1]として、最終まとめは国連大学出版局から出版される予定である。

　大阪大学は、産業社会の転換を主題とするにあたり、産業セクターの自主的貢献に係る「持続可能な発展のための世界経済人会議」（WBCSD：World Business Council for Sustainable Development）と、社会科学のアプローチの場である「地球環

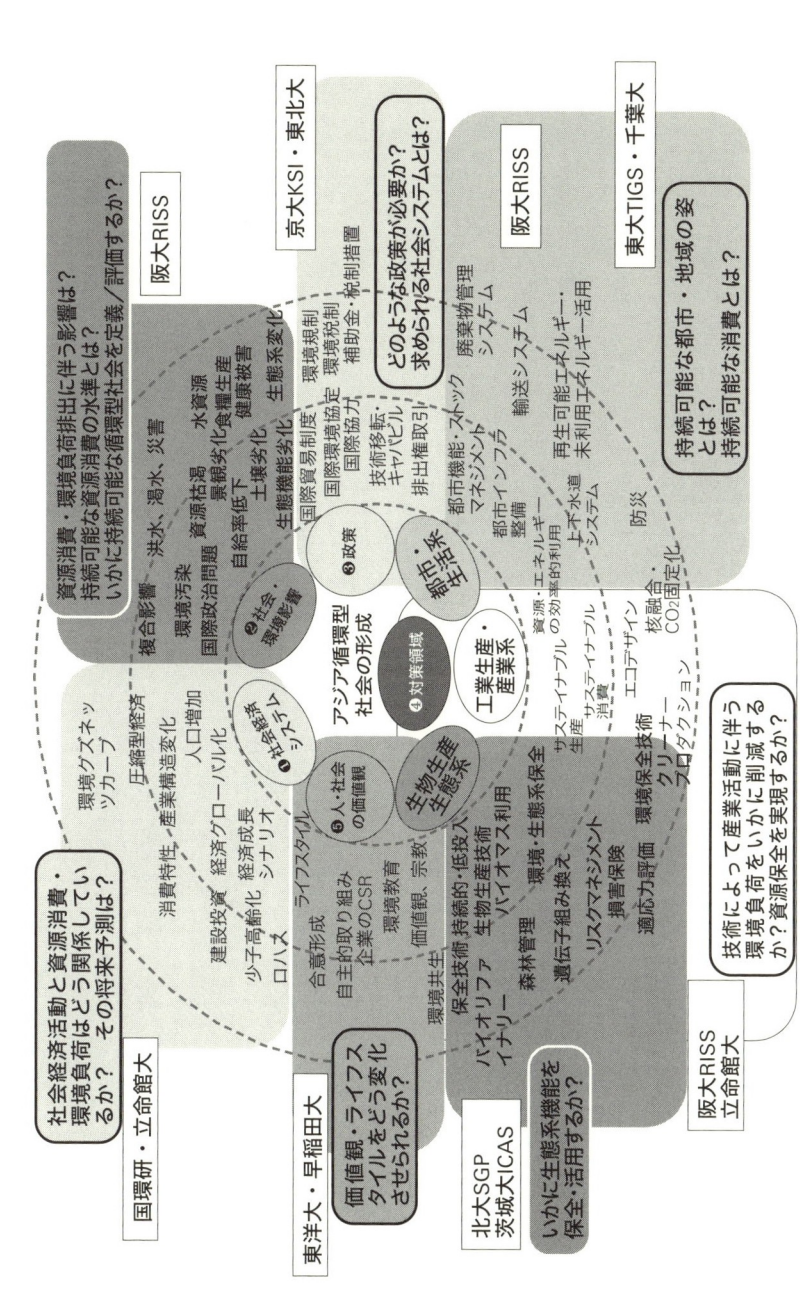

図4-1 IR3Sフラッグシッププロジェクト「アジア循環型社会づくり」の研究分野の基本問いかけと着眼したキーワード

注）あくまで当該プロジェクト担当者の位置であり、大学組織ではない

「サステイナビリティ学連携研究機構」による循環型社会構築への構想

境変化の人間的側面に関する国際研究計画」（IHDP：International Human Dimension Program on Global Environmental Change）、それに国連大学ゼロエミッション・フォーラム（以下、ZEFと称す）の行動に賛同し、その提案、試行を学ぶというアプローチを取った。

　これらの3つの組織が目指してきた行動の主題の枠組みの大よそを示したのが、図4-2である。まず、WBCSDは産業界トップで組織されることから、ブラジルのリオでの「地球サミット」以降に、経済活動あたりの環境負荷の削減を行うための手掛かりとなる環境効率の概念の普及を行った。また、資源・エネルギー事業の類型等を横断し、多くの実践分野[2]を取り上げ、持続可能な発展、省エネルギーから低炭素社会、さらに生物多様性とビジネスに至るまで、産業界から見た環境行動のグローバルな先導役を務めた。

　また、IHDPは、地球規模環境変動の社会経済的側面を扱う研究者ネットワークとして、産業社会の転換（IT：Industrial Transformation）[3]や交通、水、エネルギーといった主要領域のソリューションを通して、持続可能な社会の構築を図ろうとした。

　第1期の活動を終え、2007年から2015年までのIT DP戦略プランを示し、その中で科学的イニシアティブとして、「地球システムのガバナンス」（ESG：Earth System Governance)をコアプロジェクトとして拡大し、「脆弱社会の回復と適応」（VRA：Vulnerability, Resilience, and Adaptation)を検討しつつ、「統合的リスクガバナンス」（IRG：Integrated Risk Governance)をイニシアティブとして位置づけた。

WBCSDの4つの焦点領域	IHDPの5つのコアプロジェクト	ゼロエミッションフォーラム (ZEF)
①エネルギー気候政策 ②持続可能開発 ③産業界役割 ④生物多様性 **8つのプロジェクト** ①水 ②建物エネルギー効率 ③林産物 ④セメント ⑤電力システム ⑥タイヤ ⑦モビリティ ⑧鉱業	①地球システム統治 (ESG) ②人間安全保障 (GECHS) ③全球的土地 (GLP) ④産業転換 (IT) ⑤海洋陸地相互沿岸系 (LOICZ) ⑥都市化の全球環境変化 (UGEC)	環境負荷内部化を組織の環境経営を通して実現する産業界・学界・行政の協働行動体。地域循環形成、低炭素社会、生物多様性をも取り上げ、地域実践を促し交流
2つのイニシアティブ: 環境知的所有権共有化、都市インフラ	6つの共同プロジェクトにカーボン (GCP) やモンスーンアジア (MAIRS) など	シンポジウム、国際セミナー、実践地域シンポジウム等
初期に注力した環境効率、資源生産性を産業セクターごとに実質化し、実践普及し、かつ社会的貢献と企業統治に加え、持続可能都市インフラや源泉の鉱業を含むライフサイクル運営を実践	IT(産業転換)キーワード: イノベーション、社会技術システム、持続可能な開発、環境統治、技術、産業転換統合プロセス、持続可能社会移行、システムイノベーション、産業化、資本投資社会制度、生態社会的レジーム、資源代謝プロファイル、サイクル運営を実践	2003年にオンデマンド生産、機能販売型、産業クラスタリングを提唱し、ゼロエミッションマニュアル、バイオマス利用による究極的ゼロエミ社会等の英文ブックレットを通し国際交流

図4−2 広義の循環型社会形成に関係するWBCSD、IHDPおよびZEFが扱う主題の枠組み

　このうち、プロジェクトライフサイクルから見て、10年目を迎えた最も長いITは、6つのコアプロジェクトの1つであり、元の「土地利用・土地被覆変化の変動（LUCC：Land-Use and Land-Cover Change）プロジェクト」を継承する「土地プロジェクト」（GLP：Global Land Project）(3年目)とともに、産業社会の循環と生物可能資源のサービスに深く関係している。

　これらの組織が、それぞれ欧州に拠点を置くグローバルな組織であるのに対して、ZEFは、東京に事務局を置く国際機関である国連大学の下に設置された組織であり、頻繁な協議を行い、共同行動をとることができる有利さがあった。このこともあって、2007年から今日まで、共催、あるいは後援という

形でそれぞれの知恵と経験を交流し、またそれらが相乗効果を発揮することを狙って協力的して事業を展開した。

　その点で、IR3Sの循環型社会形成研究事業の展開にあたっては、まず国連大学のZEFの理念、アプローチから、参考になることを次のように学んだ。

(1) 右手に理念、左手に具体的実践ツールを携えて進める

　ZEの持つ「排出ゼロ」の深遠な思想と具体的な「大気、水、廃棄物」の排出を最少化する実践を結び付ける。このことからは、究極的には地球の許容量を超える負荷をかけないサステイナブルな社会像を目指しつつ、産業社会でモノをつくれば必ずどこかの段階で負荷をかけるので、環境効率が高く、クリーンな産業社会を支える物質的・資源勘定的意味でのクローズな姿を目標とした。エコ産業社会への転換を行うための主要な検討エリアを、エコデザイン、エコプロセスなど10ほどのコアエリア（図4-3）として明らかにした[4]。

(2) コンセプトを明確にした3つの主要な柱を設けて横断的に取り組む

　環境面でのZEの前に、ロスや不良品がゼロというわかりやすい品質管理、それに工場での労働災害や労働衛生安全での事故ゼロに見られるHES（Health, Environment & Safety）に共通して取り組み、組織や社会の経営と一体化して進めるZEFの原則を理解した。

　このことから、循環型社会を形成するにあたり、循環のパフォーマンスを高めることが、同時に温暖化対策でもある低

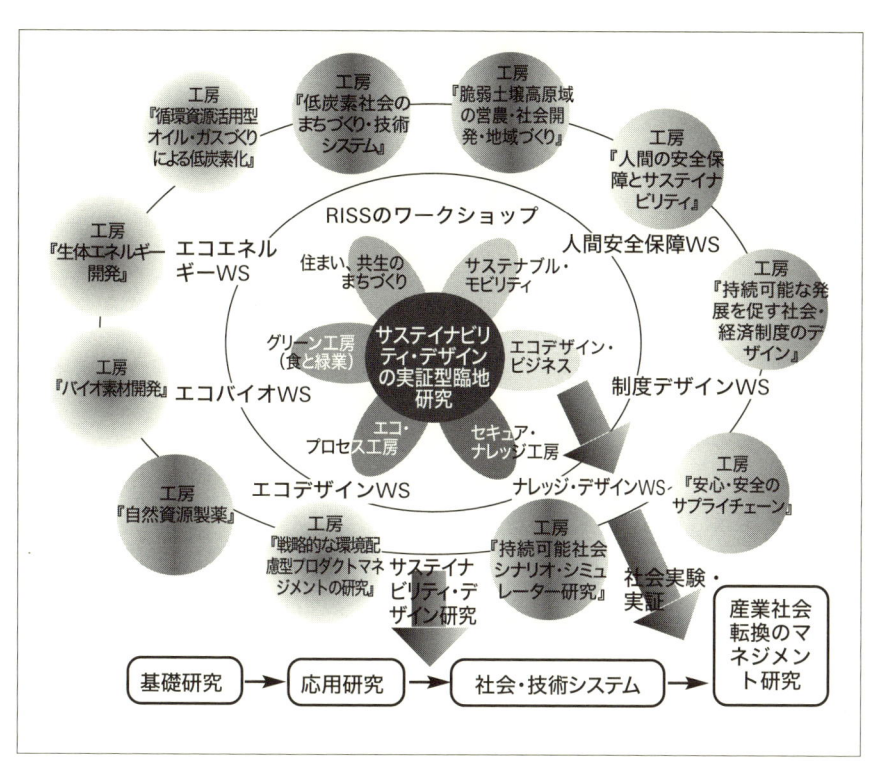

図4-3　エコ産業社会への転換を行うための主要な検討エリア（阪大RISS）

炭素社会の形成や、生態系サービスを継続的に生かす道としてのバイオマスの適正な利用の促進にもつながることを目指した。

(3) 産業界、自治体、学術界の3者の連携による取り組みとする

　ZEFが、学術界、産業界、地域自治体／NPOの3者の協力と連携で事業を進め、その交流を図ったことに鑑み、IR3Sのアジア循環型社会の形成事業を進める際に、民間企業との協力交流事業、および地域自治体との協力交流事業を推進した。具体的には、IR3Sおよび大阪大学「サステイナビリティ・サイエ

ンス研究機構」(RISS：The Research Institute for Sustainability Science)(以下、RISSと称す)として、循環形成のフロンティア都市である北九州市でのワークショップに参加するとともに、その連携都市である中国の天津市を調査対象とし、また広域エコタウンのフロンティア兵庫県が取り組む国際協力のパートナー広東省を調査対象とした。このうち、北九州市の国際交流の取り組みは、3章「ゼロエミッション活動で地域から環境国際貢献」に紹介されている。

アジア循環型社会構築への国際的取り組み

2-1 アジアにとって循環社会の意義とは何か

アジアの資源循環に関しての政策的取りまとめは、ADB(ADB：Asian Development Bank。アジア開発銀行の略)/IGESの報告書[5]で取り扱われている。IR3Sの学術的側面から、アジアに循環型社会を形成することの意義を整理すると次のとおりである。

(1) 第1に、アジアは経済成長の世界的リード役である

成長の著しいアジアは「世界の工場」と言われ、その資源消費や廃棄物の発生はきわめて大きく、それだけに循環形成の効果はアジアが最も大きい。2006年2月に開かれたIR3Sのキックオフのシンポジウムで言及した時[6]に比較しても、中国やインドの資源消費の占める割合はさらに高くなっている。特に液晶TV、パーソナルコンピューター、車等は、内外の使用時のエネルギー消費を拡大し、消費を通して経済を刺激する。

さらに鉄鋼、セメント、肥料の生産では、生産時のエネルギー消費が大きく、二酸化炭素削減の課題と廃棄物・資源問題を同時に惹起する。

(2) 第2には、「3Rイニシアティブ」による焦点が当てられている

　アジアの循環型社会は未だ形成の途上にあり、まだ多くの国では衛生的な処理を優先的に行う程度であるが、すでに消費社会に突入した主要都市では大量の廃棄物の発生が見られ、資源循環、あるいは3R施策群の取り組みを急がねばならない。

　この点では、2008年「G8サミット」で日本からの発信により、先進国で3Rイニシアティブが取り組まれた。その一方で、アジア地域を対象にここ数年にわたり、物質資源勘定を計測し、資源生産性を評価する方法論を学び、政策に使いこなせる能力をアジア諸国が得るための学術的・実務的協力が、日本政府によって実施されてきた。

(3) 第3に、環境ルールの共通化を通して活発な貿易経済ゾーンになる可能性がある

　アジアでは、個別リサイクル等の環境管理のための法制度の整備が進み出した。この動きがより積極的に進められてアジアの共通的枠組みができると、環境面でも地域経済圏の形成を後押しできる。

　中国では、2009年1月より、長年にわたるドラフトの準備の下に、ようやく「循環経済法」が施行され、資源のみならず、エネルギー、水や土地等の節約や効率的利用に、積極的に取

り組まれるようになった。アジアでは、韓国、シンガポール、中国等で、「個別リサイクル法」(家電リサイクル、車リサイクル、容器包装材リサイクル等)が、それぞれの国情を反映して制度化された。しかし、使用済製品等を資源と見るか、廃棄物と認定するかを巡って扱いが一致せず、とりわけその管理法の違いによって、難しい廃棄物の越境問題をしばしば引き起こしている。

(4) 第4に、循環形成の民間ビジネスを成長させる

アジア各国では、日本、韓国、台湾等以外でも、政府部門がリサイクル等に民間ビジネスを参入させる工夫を行っている。たとえば、2008年、中国では「物資再生協会」(中国)、「資源総合利用協会」(中国)、ベトナムでは「リサイクル・ファンド」(ホーチミン市)が創設され、それらの組織が民間事業者を束ねていくことが期待されている。

廃棄物をリサイクルする民間事業者は、まずは中国広東省の珠江デルタに現れ、次いで上海近郊の長江デルタ等で成長している。当初は、ごみ埋立地での焼却炉の建設と維持管理や、特定の技術力を持つ分野を主体とした資源再生業の運営(たとえば電子基板、電池等のリサイクル)がなされてきた。近年では、民間による食品廃棄物やbottle-to-bottle のPETリサイクル等のリサイクルシステムが稼働していることが、「ZEセミナー・in 杭州」(2008)[7]でも報告された。

(5) 第5に、学術世界にも循環経済や持続可能社会研究に高い需要がある

中国では、「循環経済研究センター」や「持続社会研究センター」等が大学附置施設として設置され、そのいくつかは海外研究機関と共同研究あるいはプロジェクトを展開している。

国際的ネットワークについても、循環型社会形成の広範囲な性格から見て、単一の組織をアジアで構築するには至っていないが、次のような試みがある。

ISIE（International Society for Industrial Ecology）は、産業エコロジーの学会であり、循環形成や物質資源フロー解析（MFA：Material Flow Analysis）、物質資源勘定（MA：Material Accounting）を扱い、世話役であるアレンビー（Allemby）教授は、IR3Sで基調報告を行った。また、IR3Sのメンバーである北大のGLPのNodal Officeの大崎教授は、生物資源の恵み（生態系サービス）を土地特性で評価する試みを行っている。

2009年7月、大阪大学で開催されたRISSシンポジウムは、「産業社会の転換と移行」をテーマとして開催された。この時にはIHDP-IRGの責任者でもある史（Shi）教授、IHDP-ITの責任者でもあるベルクハウト（Berkhout）教授らが基調報告を行い、循環形成と諸領域との境界をつなぐ論を展開した[8]。

IHDPのドイツ、ボン会合（2008）でも基調講演を行ったワイツゼッカー（Ernst Ulrich von Weizsäcker）博士は、「ファクター10」や「環境効率」の概念を用いて産業社会を変えていくことを訴えてきたが、ZEFの東京の会合でもアジア地域の産業社会の転換の必要性を強調していた。

2-2　IR3SとZEFの連携による中国とベトナムでの交流の意味

国連大学が、ZEを扱ったのは1994年に遡ることができ、

2000年に普及および交流を進める組織として正式にZEFが国連大学内に設置された。そこに至る過程で、1997年にインドネシアのジャカルタで開催された第3回ZE世界会議では、地球環境と産業成長の間の両立（英語ではより進んだ表現のSymbiosis：共生）を掲げて、「ジャカルタ宣言」を行った[9]。そこに9つの原則が示されているが、そのうちの最初の3つがゼロエミッション社会を描いている。それを要約すると次のとおりであり、現在でも意義を持ち続けている。

- 地球が生み出したものを賢く使いこなし、あらゆる類型の汚染や環境負荷をゼロにしよう。
- 原材料として生産等に使われた自然資源の生産性を高め、競合状態を改善して、産業のクラスター化により生み出された副産物・廃棄物を他の資源として投入して活用しよう。
- 地球の生物多様性から生み出された生物体にこそ、希望と将来があり、（地下資源を枯渇させるような仕方でなく）生物体の持続可能な生産を促進しよう。

2001年には、天津市にZE使節団を派遣し、アジア地域への展開を試みた。2002年には、日本学術振興会第168委員会との共同主催でシンポジウム「クリーン・エネルギー社会とゼロエミッション」を開催し、水素製造、燃料電池、車、民生利用の可能性を海外の事例を含めて検討し、以降は国連大学の下で特色ある国際的交流を行ってきた。

IR3Sが、初めてZEFと共同して開催したZEセミナー（シンポジウム）は、2006年11月のベトナムでのワークショップである。ハノイのシンポジウムはIR3Sの事業として行い、引き続いて

開催されたホーチミン市でも、大阪大学RISSとZEFとは日程の2日間をシェアする形で協力して開催した。

　冒頭の基調講演で、鈴木教授は排出断面対策（エンド・オブ・パイプ・アプローチ）から、清浄技術（クリーナー・プロダクション）を経て、ZEアプローチとなる歴史的経過について述べた。ベトナムでの日本側のZEの紹介事例[10]は、建設業、電機精密機械、それに資源循環産業、バイオマス利用に及んだ。

　ベトナム側からは、1日目にメコンデルタの水際線の植生を生態系として維持しながら植物茎から民芸品をつくるコミュニティ・事業が紹介され、バイオマスの地域資源利用の現実的な実例として、社会的持続可能性を視野に収めたものであった。

　この時の経験に触発され、いくつかの組織、大学人の交流が進み、ZEFとIR3Sは媒介役の役割を果たした。特に、「地球環境関西フォーラム」を通じたベトナム国家大学自然科学大学等と日本の学術界・民間・行政との交流は、循環形成から都市環境計画（緑のまちづくりや交通等）へと広がっている。そこでは、バイクに自動車が加わる道路利用から、地下鉄、バスの公共交通重視への転換などがテーマとして語られ、循環社会形成の場合と同じく、持続可能なまちづくりの戦略的な都市環境計画によって方向付けを行った上で、制度づくり、資金確保、技術導入を図る必要が再確認されている。

　IR3Sが、循環社会形成を含む持続可能な社会をつくるという視点で大規模な日中交流シンポジウムを開催したのは、2008年の杭州市、浙江大学での会合である。この時、筆者は循環

社会構築の日本の取り組みを包括的に紹介したが、その特徴として次の点を挙げた。

①衛生面と埋立地不足から焼却処理を選択したが、ダイオキシン汚染が発生したため、安定して運転しうる大規模炉への転換が生じた。

②2000年頃から循環型社会形成が主題となり、資源生産性、リサイクル率、埋立処分量の3つの指標に基づいて管理がなされた。

③拡大生産者責任制度による使用済製品等の回収と資源化が促進された。

④エコタウンの指定により地域循環拠点が形成された。

⑤3R政策が進められ、循環型社会形成が包括的な目標とされた。

⑥廃棄物埋立地の再生や焼却場・破砕処理施設などの更新を含めて、循環型社会形成の目標に合致するべく、政策誘導がなされた。

先に2-1で言及したIGESとADBによるアジア・太平洋地域の資源効率経済への課題と政策提案は、廃棄物の大量排出を回避し、資源生産性を高めるというアプローチであり、IR3S-RISSの産業社会の転換やZEFのアプローチと共通点があった。

2-3 ZE推進化とアジア地域の実態

地域の実態からすれば、アジアでのZEの推進の面から、上記6つの指摘を吟味してみると、次のことが言える。

①増大する一般廃棄物を衛生的に処理する必要性からすれば、不燃物等の分別回収を行いつつ、高速堆肥化を促す都市

農村系のアジアZEの循環モデルを促進することに意義がある。

②ZEでは、自らのリサイクルのみならず地域内での異なったセクターで資源の残滓を相互に有効利用することを強調しているので、再生資源利用率を資源生産性、リサイクル率、埋立処分量の3つの指標から換算・表現することが望まれる。

③資源循環の個別法制度の整備により、ZEを促すことが重要である。

④エコタウンは、産業政策上も地域経済振興ゾーンの一類型として重要な循環産業推進区であるので、これまでの天津、大連、貴陽、バンドンなどに引き続いてアジアの各地に普及させていく必要がある。

⑤3Rイニシアティブはアジアにも有効ではあるが、初代ZEF会長の山地敬三（当時の日経連副会長）の指摘したZE産業社会の要素（オンデマンド生産、地産地消、非枯渇性経済、機能販売型、自ずと集中管理、地廃地処、産業クラスター等）[11]からすると、廃棄物処理に加えてより上流経済に対するイニシアティブが重要である。

⑥廃棄物処分場の土地再生や処理施設の空間利用を、自然共生や市民サービスの点から、「土地や水の節約」を通して、自然生態系へのインパクト緩和を含め達成していくことが意義深い。

次に、ZEFとIR3Sとが連携して開催された「ZEセミナー in 北京」（2007）[12]から前述の「ZEセミナー in 杭州（浙江省）」（2008）に至る間では、特徴的な進化が見られた。まず、2007年のセミナーでは、重化学工業と工業発展経済の基幹産業で

のZEが問われた。それには、日本側から北九州市のエコタウン始め、循環計画の包括的な取り組みが紹介されることにより、経済開発特区等を持つ中国各地からの参加者は、その先進性を学ぶことができた。

中国の発展過程から言えば、成長産業を核に経済発展特区を構成し、そこにZEの実践を組み入れたいという意向が濃厚であったが、再生資源を環境産業として扱うという積極的な取り組みは、2008年のセミナーを待たねばならなかった。なぜなら、2009年の年明けに「循環経済促進法」の全面施行を控えて、再生産業を育てる機が熟していたからである。

また2007年のセミナーでは、日本側からの鉄鋼、セメントの話題提供に合わせ、中国側からも鉄鋼、セメント、肥料の製造産業での省エネおよび資源リサイクルの取り組みが話された。その時点で、モデル事業所としてのセメント工場では30％の廃棄物・副産物の投入がなされていたのを始め、優良な実践を認めることができたが、鉄鋼、セメント、肥料の3業種の平均的なエネルギー生産性や副産物利用率は、日本の事業所の平均と比べ相当程度の低いものであった。たとえば、製鉄の炉頂発電、セメント焼成炉の回収熱利用などで30％以上の省エネとなる技術などは、CDM（クリーン開発メカニズム）の導入あるいは技術導入費用を支払う等の追加的な措置を必要としていると判断できた。

2-4　アジアで花開く日本の民間企業の省エネ・環境技術

BRICs（工業新興国）やEIT（経済移行国）でのZEの発展にとって、省エネ・環境技術の導入は、産業発展と環境保全を

両立させる上で不可欠であるが、先進国からの技術移転では、日本の民間企業は高度技術の模倣の懸念から技術移転に慎重な姿勢を示すことが少なくなかった。

　一方、近年プラント事業の再編を行ったK社（プラント会社を含む）は、中国セメント会社との回収熱利用を組み込んだ合弁事業に進出した。プラント会社として、中国国内で高効率プラント建設を普及させて産業用エネルギーの3％削減に相当する顕著な貢献を示し、年間1,000億円以上の売り上げに貢献している。ほかにも同社は、中央アジアのトルクメニスタンで最大規模の肥料生産プラントの建設を行う等、積極姿勢を示している。

　この点では、中国企業にインバータ技術を提供して、中国に省エネを実現する双利共生の道を選んだD社や、イタリアのエネルギー会社と組んで海外で大規模ソーラー発電を開始させるなど、太陽光パネルの需要構築に先手を打ったS社などは、循環型・低炭素型技術を生かす社会的ビジネスシステムにイノベーションをもたらしている。

　これらの企業は、従来の海外協力・輸出メカニズムとは違って、高性能であっても単体売りからの脱皮を指向している。中核製品を挟んで上流から下流までの知恵のサービスを含めた「システムビジネス化」である。天津市で試みられているシンガポール政府と進める環境特区は、下水処理水すらも飲用可能とした膜処理などを生かしたゼロエミッションの水システムがコアとなっているが、そのコアテクノロジーを提供した日本企業の個別技術の影は薄い。もはや膜だけを売る時代でないとの合唱は、2009年春の科学技術シンポジウムで生じ

たが、いまだに科学技術振興に「まちづくりとしてのシステム化」の意識はきわめて弱い。ZE技術の移転にも、そのようなビジネスモデルが必要な時代である。

他方、2008年の「ZEセミナー in 杭州（浙江省）」では、日本側からはエコタウンの事例として廃自動車リサイクル、樹脂のガス化リサイクル、容器包装材リサイクル等が紹介されたのに対して、中国側からも食品廃棄物や使用済製品のリサイクルが報告された。「資源総合利用協会」という組織をつくって情報と経験、政策の交流がなされていることが特徴的であった。中国の、WEEE指令（欧州連合の電気電子機器の廃棄物回収指令）に準じた回収・資源化の枠組みやPETボトルのボトルへの再生利用等の取り組み方を見ると、施策の類型としては先進国と同種の方向をとっている。その点から、今後、新興経済発展国が、制度の標準化を指向する先進国と連携しながら、個別製品ごとの循環形成の施策を導入するタイミングは、相当程度早いとみなされた。とりわけ、買い手市場として環境標準を規定し輸出国を誘導しようとする欧州連合と中国との間では、制度のシェアリングは早い時期になされると判断できた。

また、中国国内、特に開発の進む都市や省では、循環計画の策定が進行しており、そこにはいわゆる基本理念、基本的政策、そしてプロジェクトの推進が記述されている。この点で、3章「ゼロエミッション活動で地域から環境国際貢献」で述べた北九州市や兵庫県と中国都市間とのエコタウンに関する交流と事業化支援[13]は、2009年度までのプロジェクトではあるが、もともとの交流を基礎とし、今後も継続につながる

興味深い展開を示している。

IR3Sのフラッグシッププロジェクト「アジア循環型社会形成」の到達点

3-1 難題だったアジア循環型社会のシナリオ構築

　IR3Sのアジア循環型社会形成のプロジェクトでは、アジア循環型社会形成のアジア的特徴を明確にしようとした[14]。

　アジア的特徴とは、気候（温暖）や文化（東洋文化）を指摘する以前に、産業面で以下の3点を挙げておきたい。

　第1に「世界の工場」とも言われ、電子電機、車、液晶等のモノづくり拠点として経済を牽引し、

　第2に、アジアの国々の外貨準備高が世界の中で抜き出ていて、中長期的には資金提供側として世界経済を駆動させ、

　第3に、都市化途上にあるだけに都市農村結合による循環形成の可能性を有する。

　この特徴に基づき、まず、アジアの循環型社会のシナリオ構築を図ろうとした。この分野でのシナリオ構築は難題であり、一般的結論は未だに得られておらず、開発途上にある。なぜなら、シナリオをアジアの広範な国々を含む形で提案するには、圏域経済圏の枠組みが未成熟であり、資源開発、産業地域開発、生産、貿易、消費の将来に複数の相互関係像として描くことができなかったからである。具体的には、自然共生の領域圏における東京首都圏域でのシナリオ開発[15]を受けて、中国浙江省でのバイオマス資源の循環を検討したところ、化石燃料への依存が大きく、資源効率を倍にしても成長率で

経済規模が倍になる作用の悪影響を緩和できないとの結果を得ている。

　まず、東京首都圏では、新規に都市更新を図っていく市街地拠点に生態系サービス用地を提供しつつ、分散型高効率生活系・有機物資源化装置を建設・運用し、その回収ガスからの集合住宅のエネルギーを供給するモデルを導入した結果、2030年の集合住宅の3%のエネルギーをまかなうことができるという結果であった。浙江省を対象としたシナリオでは、豊富な竹、茶、耕種作物等のバイオマスからのガス化等でエネルギー回収、高度利用を行えば、総エネルギーの10%オーダーの潜在的な供給が可能という結果であった。

　これらのマクロな評価分析は、物質資源勘定あるいは物質フローの分析（マテリアル・フロー・アナリシス）とシナリオ分析の手法を統合することで可能であるが、アジアの広範な地域の地理・環境・社会経済情報システムが不揃いなために「ASEAN+3」の範囲では最も粗いレベルでしか実行できない。

　インド大陸や中央アジアを加えた資源循環をテーマにした空間分析は、まだ俎上にすら上っていない。むしろ、化石燃料由来のエネルギーや石油化学製品のアジア圏域内外の相互関係を扱う物質勘定表で、各国の資源循環拠点を通した資源フローを取り上げ、そこでの省エネ・低炭素化を扱う方が、産業社会からの移行あるいはデカップリングを想定することで見通しやすいという論点もあった。また、国際的な3Rイニシアティブで、主要な指標である資源生産性、資源総投入量、国内再生資源量、再生資源貿易量、廃棄物埋立量を各国ごとに計測、表示、流通、そして政策反映していくチャンネルを

強化すべきという意見も強い。

3-2　持続可能な社会の指標と物質フローによる分析評価

　IR3S-RISSとしての研究の第2の視点は、循環型社会形成は持続可能社会を目指していることが特色であり、「低炭素社会」、「自然共生社会」を視野に入れるだけでなく、基礎的なニーズを充足する開発の効果にも目を向けていることである。そこで、「ジャパン・フォー・サステナビリティ」（JFS）の指標や「国連持続可能な委員会」（UNCSD：United Nations Commission for Sustainable Development）の持続可能社会の指標を参考にしつつ、データの入手可能性を勘案して、中国の各省を横断的に、かつ時間経過を通して比較できるような指標を選び出した。

　それに基づいて中国の各省の相対的な持続可能性を評価したところ、次のような結果[16]が得られている。

　第1には、開発効果は沿海州に顕著に表れ、経済的福祉の増大が顕著であることにより持続可能性が高まっていた。しかし、2000年から2005年を挟んだ急速な経済成長に伴い、経済福祉指標はほとんどの省で上昇しているものの、工業発展の著しい省では環境負荷の増大による環境の持続可能性が低下していることが明確であった。

　第2に、個別指標のスコアとその重み付けによる合成値から持続可能性を語る方式は、これまでも採用されたものではあるが、アジアの国の比較を通して持続可能性のレベルを地域間で比較し、時間経過を比較する実例を提供した。いわゆる脱環境負荷の環境クズネッツ曲線が、「GDP（国内総生産）と環境負荷との骨格関係」に単純化されやすいのに比して、経

済的、社会的、環境的な持続可能性の指標群をその骨格に重ねることにより、複眼的な視点から解釈することが可能になる。たとえば、RISSが当初より見ようとしてきた経済（収入）格差の拡大も同時に評価することができた。

第3には、RISSによる中国の工業園区EIP（Eco-industrial Park）の動向の分析評価[17]である。立地、経済発展状況等の異なる上海化学工業園区、蘇州工業園、包頭アルミエコタウンの3つの生態工業園区（エコタウン）を取り上げ、現地調査とヒアリングを通し、エコタウンレベルでの循環経済の実践状況を明らかにし、さらに循環の評価システムを構築し、3カ所のエコタウンの産業エコロジーの水準評価を行っている。

3つの生態工業園区では、企業レベルのクリーナープロダクションの推進がまず試みられ、次いで園区レベルで資源循環の連鎖を構築しようと試みていた。上海化学工業園区と蘇州工業園では、地域経済への貢献等の経済目標を達成し、建設当初より園区としての空間計画でのエコロジカルな目標の設定や園区の環境整備に取り組んでいた。

一方で、循環形成を進め、園区全体として環境管理を企画し、運用するといった側面については、3地区ともパフォーマンスが弱く、改善が必要であり、循環形成の進む他の先進地区との経験交流が効果的と判断されている。

3-3　トチュウの森づくりは「一石五鳥」

第4の注目点は、中国の河南省三門峡市霊宝の郊外でパイロット的に試みているトチュウの森づくりを通して、「一石五鳥」の多目的の社会実証モデルが生みだしている成果を中間的に

取りまとめた成果[18]である。

　トチュウの森づくりでは、すでに120万本のトチュウが植林され、まずは土壌の流出防止、トチュウ茶やトチュウエキスの販売、地元雇用、さらに二酸化炭素の固定などが期待されている。もともと、黄土高原の稜線近くまで耕すことで得られたトウモロコシを食料に、煙草の乾燥葉を市場で売却して現金を得ている山村にとって、崩壊しやすい斜面からの土壌流出に自ら対策を実施するゆとりは乏しかった。「退耕還林」に基づいた植林は未だ幼木にとどまる上に、政府によるヤギ等の「放牧禁止」もあり、山村の民にとって山地の緑化は継続的な収入をもたらすものではなかった。

　これに対して、接ぎ木したトチュウは、5年で多くの種子をつけ雄花は高級茶として収入源になっている。これに茶葉からのエキス、種子からのゴムの採取を試みているので、実証プロジェクトでは数名の運営スタッフを雇用し、その下に農園で従事する現地労働者を採用し、地域に雇用を生み出している。この雇用をトータルすると0.1人/haのオーダーとなり、トウモロコシ等の生産に従事する農民1人/haに比して1オーダー低い土地雇用力となるものの、1人当たり平均年間収入の6,000人民元に比べて、約1ケタ高い年間収入となることで、農村部の生計の維持に貢献できることが期待された。

　他方で、土壌流出量を観測する簡易測定を実施し、土壌の減少を推定するモデルを利用すれば、地表面被覆、降雨、土壌、地形等の変数で年平均流亡量を計算することができる。その結果、従来のトウモロコシ畑からの土壌流出量（年間約50t/ha）と比較して、トチュウ林からのそれは6分の1程度まで

減少していると推定されている。

　この土壌流亡量の削減の便益を、中国の中西部の事業を参考として必要な事業経費（流亡1トン当たり十数ドル）で置き換えると、土壌流亡防止の便益はha当たり500人民元（プランテーションのビジネス単位の1,000haでは50万人民元）に相当する。また、現地労働者とスタッフの雇用は10ha当たり1人として、1,000ha規模で100人平均の雇用、総売上額を500万人民元と推定している。

　さらに、炭素の収支をトウモロコシ畑（排出$2t/ha-CO_2/$年）、ハリエンジュ植林（実質ゼロ）、トチュウ植林（吸収$12t/ha-CO_2/$年）で比較すると、トチュウ植林は、炭素を封じ込める割合が他の2種の植物よりも高く、単純に1,000円オーダーの炭酸ガス価格としても1,000haオーダーで100万人民元の環境価値をともなっている。

　確かに、単位面積当たりのトウモロコシ栽培（いわゆる農村過剰人口）に比較すると、直接雇用は20分の1に減じるが、トチュウの種子からのゴムの供給により、農村工業の可能性が出ている意味は大きい。

　その上、未だ数値的には確認されていないが、トチュウ林では生物多様性の面での改善も期待される。これについては、日中の共同研究、共同事業が着手されており、トチュウ林を活用した社会実証モデルの成果は、バイオマスを活用し、都市農村結合型で、国際連携型の循環形成を狙うRISSの事業として、きわめて特徴的な突破口となっている。

アジア循環型社会の構築と
ゼロエミッションの将来

　「コペンハーゲン合意」（2009年）の意味するところは、その後の「気候変動枠組み条約（京都議定書）締約国会議」COP（MOP）の正式プロセスに反映して、初めて現実的効果となる。その行方には目が離せないが、明らかになった中国の存在の大きさに対して、アジアの生産、資金、人的なパワーの増大を東アジアの経済共同体に結び付けたいとする日本の国家的戦略が未だ成功していない。

　グリーンな経済成長戦略とは、アジアでの資源循環や低炭素型生産のシステムづくりが国境を超えて活用される姿を描き出しているものであろう。その意味では、「低炭素型まちづくり丸ごとプロダクト」「ゼロエミッションモデルの智恵を源泉とした環境立国」等の将来像に大きく舵を切る時代である。

　国連大学ゼロエミッションフォーラムが先鞭をつけ、IR3Sも学界として参画した循環型社会の分野でのアジアとの協働を基礎に、「未来づくり」は2020年の中期、さらに2050年の長期を目指して続いていくものである。3Rプログラムからアジア循環圏プログラムへ、CDMからコベネフィット型のグリーンかつクリーンな開発協働へ、さらにゼロエミッションとエコ生産品をともなう環境技術の拠点としてのアジアへの展望こそが期待されている。

　　　　　盛岡　通 (関西大学教授、大阪大学名誉教授、RISS前企画推進室長)

参考文献

1) 盛岡通、東アジアの循環型社会を目指して、「サステイナビリティ学への挑戦」（小宮山宏編）、岩波科学ライブラリー137、岩波書店、p.49-62、2007年

2) WBCSDのプロジェクト（www.wbcsd.org/）とともに気候変動へのリーダーシップ都市C40の実践（www.c40cities.org/bestpractices/）も革新的である。

3) 現在サイエンスプランを確定、印刷。ワークショップをインド、ボンで開催しつつ、方向性を固めている。アジアではWorkshop report : Asian Transitions and Globalisation :Towards an Analytical Framework (2006) があり、毎年IHDP-IT Status Reportsが発行される。 www.ihdp-it.org

4) Tohru Morioka and Helmut Yabar, Industrial Transformation Strategies towards Sustainable Development, Transition to a Resource-circulating Society : Strategies and Initiatives in Asia edited by Tohru Morioka, p.3-20, Osaka University Press

5) Asian Development Bank, Institute for Global Environmental Strategies, Toward Resources-Efficient Economies in Asia and the Pacific, pp.1-180, 2008

6) The Pathway to a Sustainable Industrial Society ; Initiative of the Research Institute for Sustainability Science (RISS) at Osaka University, Tohru Morioka, Osamu Saito and Helmut Yabar, Sustainability Science,Vol.1, 65-82 (2006)

7) UNU-ZEF、中国国家発展改革委員会資源節約環境保護局、循環経済促進廃棄物ゼロエミッション会議資料、1-153頁、2008年11月

8) Frans Berkhout, "Transitions to Low Carbon Energy Systems: Can you Govern Radical Change ? ",Tohru Morioka, "Local Initiatives and Policy and Technology Innovation for Low Carbon Society", and Peijun Shi, "The IHDP-IRG Project and the Paradigm of Large Scale Disaster Risk Governance in China", Sustainability Transition edited by the committee of RISS/IR3S/SDC, p.1-157, 2009

9) UNU, The Third World Conference on Zero Emissions, The Jakarta Declaration, Jakarta, July, 1997

10) Univ. of Natural Sciences (Vietnam National Univ. HCMC), HCMC DoNRE, IR3S, RISS, UNU-ZEF, and other three institutions, The proceedings of the Workshop on Sustainable Society and Industrial Transformation with Zero Emission Initiatives, Part2 : Industrial Transformation with Zero Emission Initiatives, Nov, 2006

11) 山路敬三、ゼロエミッション・シンポジウム2003開会の辞、ゼロエミッション社会を目指した新しい行動（UNU-ZEF）、10月、2003

12）中国国家発展改革委員会資源節約環境保護局、IR3S、循環経済促進廃棄物ゼロエミッション会議資料、北京、2007年4月

13）経済産業省、中国広東省における循環型経済の発展に向けた協力・支援事業の選定報告書、平成21年3月

14）Tohru Morioka, and Helmut Yabar, Resources circulating and sustainable society in Asia：concept and research scheme, International Journal of Environmental Technology and Management,Vol.7,Iss.5/6, pp.596-617, 2007

15）丹治三則、盛岡通、自然共生型の流域管理を志向したシナリオ誘導型の政策立案支援システムの設計、環境情報科学論文集、No.18、pp.521-522、2004

16）Keishiro Hara, Michinori Uwasu, Helmut Yabar, and Haiyang Zhang：Sustainability assessment with time-series scores：a case study of Chinese provinces, Sustainability Science, Springer, vol.4, pp.81-97, 2009

17）Haiyan Zhang, Keishiro Hara, Helmut Yabar, Yohei Yamaguchi, Michinori Uwasu and Tohru Morioka, Comparative analysis of socio-economic and environmental performances for Chinese EIPs：case studies in Baotou, Suzhou and Shanghai, Sustainability Science, Springer, Vol.4, Issue 2, pp. 263-279, 2009

18）Takashi Machimura, Environmental and socio-economic co-benefits of a pilot Eucommia enterprise, the workshop on multiple benefits and perspectives of Eucommia biomass industry Practice at Lingbao,Yangling, China Nov., 2009

東アジアにおける
ゼロエミッションの潮流

はじめに

　日本は、第二次世界大戦の戦後復興を1945年に開始し、それから約65年が過ぎた。約7,200万人の人口は、現在は約1億2,700万人である。この間、市民生活では、社会基盤の整備が上水道、し尿処理、下水道に始まり、次いで家庭ごみの処理へと段階を踏んで行われてきた。また産業界も、幾多の目覚ましい製品開発を行い、生産性を上げ、家電製品や自動車を初めとした多くの製造業は世界のトップクラスとなった。そして、日本のGDP（国内総生産）は、世界で第2位となった。

　しかし、産業界は、廃棄物、水、大気などの公害問題を引き起こしてきた。企業は製品を大量に生産販売し、消費者は製品を大量に購入消費し、大量に廃棄物として捨てる時代に入り、日本社会は、経済の向上と共に大量の資源とエネルギーを使い、その負の効果に悩まされてきた。

　また、人為的活動による温室効果ガスの急増により地球温暖化が急速に進行し、異常気象現象は世界の各地で見られ、それに伴う大きな災害が多発している。さらに、人間の永続的な活動は、自然とともにあってこそ持続維持されるにもかかわらず、生物多様性を無視した自然界の破壊が世界各地で

起こっている。

　だが、自然界を守らねば人間社会も成り立たないことは論を待たない。また近年は、行政、産業界、市民も資源の有限性に気づいて持続可能な社会形成の必要性を認めるようになり、環境保全、廃棄物減量化、有価物リサイクル、資源節約や省エネルギーへと行動を開始し、今や社会のあらゆる場面で環境という言葉が使われている。

　1992年、国連大学では、ブラジルの「地球サミット」で「持続可能な開発のための活動計画」が定められたことを契機に、「ゼロエミッション研究構想」が立ち上がった。国連大学は、それ以降も日本国内の地域でゼロエミッション（以下、ZEと称す）の啓発、広報活動を行ってきた。そして、ZEのコンセプトは、国や自治体における環境政策のなかに位置づけられ、さらに環境と経済が両立し、経済促進にもなる位置づけにまでなった。

　2000年、産・官・学・民におけるZE運動をさらに普及させるために、国連大学内に「国際連合大学ゼロエミッションフォーラム」（以下、ZEFと称す）が創設された。そして、日本は一層のZE活動を推し進め、リユース・リサイクル・リダクションの3R推進、自然資本の活用、持続可能な社会形成を目指すところとなった。

　東アジアの国々も、これまで日本政府、産業界、学界、国連大学などの支援と協力を受け、日本の市民社会や産業界の発展を見習いつつ、日本がZEのコンセプトを実践するに至った軌跡を学習してきた。その学習効果により、これらの国々では、市民社会も産業界も短時間に、モバイルフォン効果の

ごとく一足飛びに、社会の基盤整備と3Rや循環型社会、持続可能な社会の形成を同時進行に目指し、動き出している。

　この章では、まずZEの考え方をごく簡単に述べ、次に東アジアで国連大学ZEFが開催してきた、各国の政府機関、大学、自治体などと共催の「ゼロエミッションシンポジウム」の模様を紹介し、これらの活動がそれらの国々へどのように反映されているかを述べる。

グローバル・トリレンマとゼロエミッション

　世界は環境、経済、資源の3つの分野でのジレンマ（グローバル・トリレンマ）を抱えている。図5-1のごとく、環境面では温暖化、自然災害の増大、森林破壊、オゾン層破壊、海洋汚染、酸性雨問題などが、経済面では食料不足と飢餓、貧富の格差拡大、人口増大問題がある。そして、資源問題では、資源枯渇による資源の争奪とエネルギー不足、水を巡る紛争、穀物等の投機問題がある。

　このように、人類の抱えている課題は、一地域や一国での問題ではない。地球を1つの村になぞらえ、先進地域も開発途上地域も含めた世界での全員の課題と捉え、解決へ向かって村の全員が行動を開始しないとグローバル・トリレンマを解くことが不可能な状況である。グローバル・トリレンマの主たる原因と考えられる20世紀の近代工業化モデルは、物質的な豊かさをもたらしたが、同時に大規模な地球環境破壊を引き起こし、エコノミーとエコロジーの乖離を生んだ。

　この事態を解決する思想、手法は色々な方々からいくつか

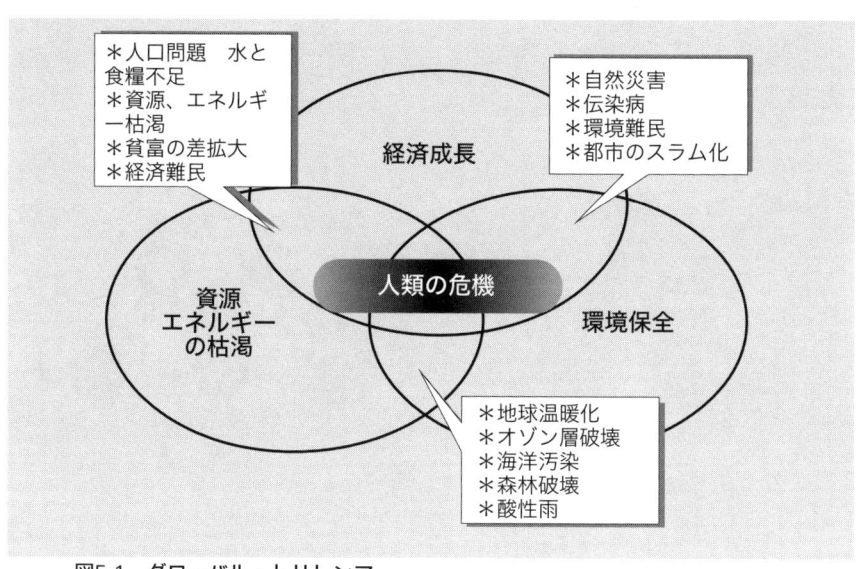

図5-1　グローバル・トリレンマ

発表されている。国連大学では、1994年以来、ZEのコンセプトを確立し、1995年の国連大学主催の「第1回ZE世界会議」で、ZEという新しい用語と概念・思想を世界へ提案、発信した。

　図5-2で表わすように、20世紀型の市民生活や農林水産業、産業界では、製品生産活動のみに着目し、生活や製造活動からの負の排出物は、焼却などによる一方的な処理か埋め立てられてきた。この方式を「エンド・オブ・パイプ・アプローチ」と呼んでいる。

　それに対して、「ゼロエミッション・アプローチ」では、1番目に家庭内や産業内でリユースやリサイクルを実行した。さらに、産業ではクリーンエネルギーや循環資源の活用と産業プロセスの高効率化を図るクリーナー・プロダクションを行い、排出物ゼロへと努力してきた。そして、2番目の段階では産業間でのZE——産業の動脈、静脈の区別なく一体化した産業

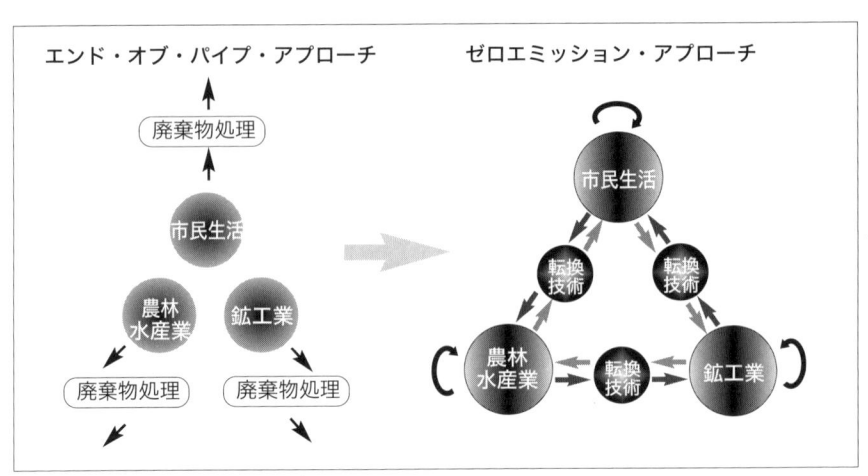

図5-2　初期のZEコンセプト

システムや、産業間で排出物を転換技術により有価物とし、連携による相互資源活用の経済循環システム形成を図っている。

　しかし、現段階でのZE思想の方向性は、さらに幅広い意味を持ち、気体、水、廃棄物などの排出を可能な限りゼロに近づけ、汚染を起こさないことのみならず、企業活動・地域社会・経済社会・自然生態系の持続可能なシステム形成を含むより広範で、かつ深遠であり具体的な思想である。少し言葉を換えると、脱温暖化社会、循環型社会、自然生態系保全（自然共生）社会などを統合し、何も排出しない、何も搾取しないという中立点としての零（ゼロ）をイメージしている。

　これは、物質的なゼロから、さらに精神世界まで含めた意味合いを有すると考えられる。零（ゼロ）という言葉は無であり、ここに東洋的な思想を見ることができる。無はとらわれないこと、我執を取り去ることに通ずる。零（ゼロ）には、人間の欲望のコントロール、利他的精神、人類全体の自己抑

制を中心概念とした新しい倫理的ニュアンスすら込めたものであると考える。より具体的な理解を得やすい行動の一歩は、単なる温室効果ガスや汚水、固形廃棄物を排出しないことから、循環やリサイクルのみを目指すものではなく、自然エネルギーや自然資本の活用などをも視野に入れ、かつシステムとして持続可能な社会を見据えたアジア発の新しい持続社会文明と言うべきものである。

ZEの具体的な目標は、有限で傷み、劣化している地球で、地球の限界と折り合いをつけながら、最少の物質・エネルギー投入と生態系保全を図り、最少の排出を目指して、人類の生活の満足度が得られる社会の仕組みを作ることにあると考える。

東アジアでのゼロエミッション啓発の準備

2-1　ZEの基本的な手順──5つの行動形式

ZEFは、東アジア各国で多くのセミナーを開催してきた。東南アジアの人々に、「ZEの概念や理念」を理解していただき、「持続可能な社会の形成」をテーマに行動していただきたいからである。そのためには、ZEの基本的な手順を明確にしておくことが必要となり、国内向けに作成された具体的なZEの手引きやマニュアルを東アジア向けに資料を作成し直し、それを紹介し、啓発・普及を図ってきた。

まずZEFでは、持続可能性や環境改善の目標を実現するための「指導原則」と「各企業、自治体でのベストプラクティス（実例）」を解説・紹介してきた。そして、その実行にあたっ

て、山路敬三ZEF初代会長が5つの行動形式としてまとめた。

①環境問題と経済問題の同時解決への流れとして、大規模大量生産と大規模集中処理型から分散型ではどうなるかを検討し、再生、循環使用の行えないエネルギーの消費抑制、生物資源と自然エネルギー利用を図る

②実践にあたり、高い目標を掲げ、技術や方法論の限界を究める

③環境と経済を改善するにあたり、関係者のすべてが仲間であると認識し、組織、地域、学説などすべての枠を取り払う

④ベストプラクティスを積み上げる

⑤課題の解決者は、自分の課題にもっとも近いベストプラクティスを真似、工夫を凝らし、その解答を完成したZEの中に取り込み、他者へのベンチマーキングとする

具体的には、❶資源とエネルギーの効果的利用方策を考え、❷工場でのZE活動を行い、さらに❸ZEデザイン、グリーン調達やZE評価を組み込んだ全社でのZE活動を進め、❹サステイナビリティーレポートの作成、情報を公開し、そして❺地域・他産業とのZEクラスターづくりへと段階的に推進する、ことを勧めている。これに加えて、バッズ課税、グッズ減税を基調とする税制の改革や、人間自身のライフスタイルの転換を提唱している。

2-2　ZEの推進・実現──6つの行動原則と3つの実行原則

また、これらの推進・実現にあたり、三橋規宏ZEF自治体ネットワーク代表理事は、ハーマン・デーリーの3原則を基に、6

つの行動原則をまとめて発表した。

①再生可能な資源は、再生される資源量を上回って消費しない

②再生不可能な資源は、資源の生産性を向上させるとともに、再生可能でクリーンな代替資源を開発し、その生産量に見合う範囲でなら消費できる

③自然界の許容限度を超えて廃棄物を放出しない

④経済活動、日常生活の場で、できるだけ脱物質化を図る

⑤地上ストック資源の有効活用を図る

⑥環境コストを内部化させ、環境効率の高い市場経済をつくる

また、一企業だけによるZEの実践は、大きな効果を得るには限界があり、障害も発生し、成果が得られにくい。そのため、工業団地全体でのZE活動や、地域や自治体が地域おこしを行うなかでZE活動を取り入れ推進することが実践を容易にし、かつ大きな効果をあげることができる。

このことは、東アジアの国々の町おこし、都市形成にも大いに役立つと考えられるが、6つの行動原則を実行するにあたって、次の3つの原則が述べられている。

❶地域循環の原則：地域で必要なエネルギーは地域で調達する。地域で排出する廃棄物は地域で処理する。地域で生産、製造されたものはできるだけ地域で消費する。

❷住民参加の原則：地域をZE化する主体は、地域住民である。地方自治体がいくら熱心でも、住民にZE社会を築くといった強い気概がなければ、循環型社会構築はできない。

❸地域文化の保存と新しい付加価値の創造の原則：それぞれ

の地域には、長い歴史と伝統がある。歴史に裏付けられ、その地に根付いた生活習慣や労働形態、自然との接し方については、その地域の特性を生かした合理的なものが少なくない。これまでは、これらの文化や伝統を捨て、または軽視してきたが、改めて生活に活かす工夫をする。

これを基本に、ZEの手順・実施過程としては、いわゆるPDCA（プラン・ドゥ・チェック・アクション）サイクルを回して、スパイラルアップしていくことにより、その取り組み内容を深化させていく、と述べている。

1997年、経済産業省はリサイクル政策でのパートナーである環境省と連携して、国連大学が提唱したZEコンセプトを取り入れ、ZE構想を推進すべく21世紀に向けた新たな環境まちづくり計画、「エコタウン事業」を創設した。現在、国内では26の工業団地がエコタウン事業に取り組んでいるが、中でも北九州エコタウン、川崎エコタウンや東京都スパーエコタウンの事業が有名である。毎年、東アジアから、多くの国々の関係者が視察に訪れ、2008年には、中国の胡錦濤国家主席が北九州エコタウンと川崎のエコタウンを視察し、対外的にも評価が高い。また、JICA（独立行政法人国際協力機構）などの研修でも、ZE講義とエコタウン事業の視察が実施されている。

ゼロエミッション啓発・普及活動の概観

3-1　インドネシア、ベトナム、韓国でのZEセミナー開催

国連大学ZEFは、東アジアと積極的に関係を持ち、ZE啓発普及活動を推進してきた。1997年にインドネシア・ジャカルタで

表5-1 インドネシア、中国、ベトナム、韓国でのZEセミナー開催

Date	Host country	Organizer	Co-organizer	Seminar Title
1997-07	Indonesia Jakarta	UNU		Third World Conference on Zero Emission
2001-09	China Tianjin	UNU/ZEF	Tianjin City TEDA Guiyang City	Zero Emission Forum
2004-05	China Guiyang	UNU/ZEF	UNU/ZEF	To build Zero Emission society
2005-10	Viet Nam	AOTS HoChiMinh City University of Technology EHMF	UNU/ZEF	Zero Emission Approach & Effective Use of Biomass Resources in the Industries
2006-01	Indonesia Jakarta	Faculty of Engineering University of Indonesia		Sustainable Society Achievement by Biomass Effective Use
2006-11	Viet Nam	University of National Science EHMF	UNU/ZEF DONRE IR3S RISS	Sustainable Society and Industry Transformation with Zero Emission Initiatives
2007-04	China Beijing	UNU/ZEF Department of Resource conservation & Reform Commission	IR3S METE	Promotion of Zero Emission and the development of circular economy
2007-12	Korea Seoul	UNU/ZEF The Federation of Korean Industries	IR3S METE	Towards Realization of Sustainable Society
2008-10	Korea Seoul	UNU/ZEF The Federation of Korean Industries	IR3S METE	Toward the Establishment of Resource-Circulating Society
2008-11	China Hangzhou	UNU/ZEF Department of Resource conservation & Reform Commission	IR3S RISS METE	Promotion of Zero Emission and the development of circular economy

ゼロエミッション啓発・普及活動の概観

「第3回ZE世界会議」を3日間にわたり開催したのを皮切りに、それ以降、中国、韓国、ベトナム、インドネシアで、主催、共催合わせて10回のZEセミナーを開催してきた。この中で、中国ではZEセミナーを4回、他の3カ国ではそれぞれ2回開催した。カウンターパートは、同じ場合と異なったケースとそれぞれであり、開催日程も半日から3日間までと幅のあるものであった。また、2006年度からは、経済産業省、環境省と文部科学省の「サステイナビリティ学連携研究機構」（略称、IR3S）などの後援を頂き開催した（詳細は表5-1を参照）。

各国で開催されたセミナーの概況は、当然、各国の発展状況、経済産業政策や国民性などにより異なり、そしてまたカウンターパートの要望によりセミナーのテーマも異なったものとなった。

インドネシアでは1997年、「第3回ZE世界会議」が開催され、ZEの基本的なコンセプトの解説を主に行った。その中で具体的事例として、国連大学からは、フィジー諸島でビール工場から排出されるビール粕を利用した循環型生産の実証試験—ビール粕できのこ栽培を行い、その残留物を家畜の餌とし、家畜が排泄した糞尿からはバイオガスや魚の飼料を生産し、さらに魚の養殖池で野菜（水棲植物）を栽培するなど、を報告した。このように、具体的に食品産業と畜産、水産、農業までの関係性を明らかにし、無駄に捨てる物など何も無い、ということをわかりやすく報告し、世界へゼロエミッションをアピールした。これは、当時の鈴木基之国連大学副学長や迫田章義東京大学生産技術研究所教授らが研究開発を行ったものである。

ZEの黎明期ということもあり、講演は理念、概念的な話が多く、先進国側日本からの一方的な話であった。しかし、約10年を経た2006年のZEセミナーでは、インドネシア側の政府関係者やランポン大学などの3人から、サステイナビリティ達成のためにバイオマスを有効に活用することにテーマを絞り、特にバガス、パームオイルやキャッサバなどの原料からエネルギー代替燃料等の生産に関する課題が熱心に発表された。

　日本側からは、ZE活動の提言やZE概念を入れた能力開発やCDMに関する考え方を発表した。インドネシア関係者は、ZEとバイオマスの関係性に多大な関心を示し、ZEと排出権取引との関係まで討議する状況であった。インドネシアの産業界へZE概念が浸透し、実践・反映されるのもそう遠くないと感じた。

　ベトナムでのZEセミナー開催は、2005年が最初である。それに先立ち、2004年の経済産業省経済環境使節団としてハノイを訪れ、地場産業、廃棄物収集、埋め立て処理場などを視察し、政府関係者から産業と環境の状況を伺った。その段階では、日本の1970年代と似たような状況であり、サステイナビリティなどの意識はまだまだであり、まずは下水道と廃棄物処理施設の充実と社会基盤整備の実施に際し、ZEを考慮した計画を盛り込んではいかがかとの意見交換に終始した。2005年、2006年のZEセミナーでは、下水、廃棄物の堆肥化、メタン発酵とともにガス化などによる循環技術を話題とし、さらにバイオマスの豊富な国柄を考慮し、バイオマスを原料としたバイオマス精製（バイオマス・リファイナリー）による化学製品とエネルギーの回収などの考え方をZEに即して討議した。

韓国では、2007、2008年と続けてZEセミナーを開催し、いずれも経済産業省や環境省などのご後援を頂いた。カウンターパートは韓国経済連合会であり、産業経済界から、世界の環境状況や持続可能な社会形成への動きを考え、先進的なZEの思想を学びたいという希望が出され開催した。東アジアの国々の中では、特に韓国は日本と一番社会状況が似て、鉱物資源、エネルギーのない、製品輸出に頼る外需依存の国であることから、一層の資源投入の抑制、資源循環利用を図り、ZEによる資源生産性効率向上を図りたいとのことであった。

ZEセミナーでは、武内和彦国連大学副学長による「資源循環社会の確立に向けて」、他「川崎エコタウン」「同和鉱業における資源循環システム」「OA機器のZE」などの講演が好評であった。

2007、2008年の2回のZEセミナーとも、韓国環境省局長による韓国の環境政策の報告がなされた。2007年のセミナーでは、「3R政策」が主題であった。これは狭い国に過密な人口、あらゆるものの都市集中、そして廃棄物の急増、それに対応して焼却、埋め立て、廃棄物の減量化から3Rへのパラダイムシフトを図ることが述べられ、2012年をゴールに、ゼロウェスト、CO_2削減の数値目標が発表された。そして、市民、産業界への「3R社会の確立」のための政策発表があった。

2008年のZEセミナーでは、オバマ米国大統領の施政方針演説、リーマンショック後の経済状況に刺激を受けたのか、さらに「グリーングロス」を主題に発表がなされた。環境と経済の両立を目指し、資源循環・再生可能エネルギーの活用、温室効果ガスと環境汚染の低減、新成長エンジンとジョブの

創出の3つを成立させることができれば、「グリーングロス」だと述べた。そして、その政策項目として10のプログラムも発表された。

3-2　中国でのZEセミナー開催

　中国は、約14億人の人口を抱え、各省間では大きな貧富の差があり、産業は沿岸部に集中し、「世界の工場」となりつつある。中国国内の環境負荷の増大は、世界的課題となる中で、2001年からこれまでに4回のZEセミナーを開催した。最初の2回は、地方市政府環境保護局との共催であり、ZEを啓発すると同時に、地方自治体の環境に対する考え方や実情を聞き、中国地方都市が抱えている課題を理解できた。

　中国最初のZEセミナーは、2001年に天津市で開催され、三橋規宏ZEF自治体ネットワーク代表理事を団長に同市を訪問した。天津市は大産業都市であり、中央政府とも距離的に近いこともあり、環境に対する意識は高かったが、ZEなどの概念は初めて聞く話のようであった。セミナーは、日本側からZEのガイドライン解説や企業における日本の先進事例を9件発表したのみで、中国側からの発表はなかった。天津経済技術開発特別区（TEDA）での視察およびその際の質疑応答から、汚水処理が唯一環境関係の施設であり、ZEコンセプト導入は当分先であり、特区の拡大におおわらわという状況であった。2004年、貴陽市で開催されたZEセミナーでも、ZEFからZEのコンセプトや進め方の講演と日本企業でのZE先進事例の報告がなされた。この時のZEセミナーでは、2001年のそれより進み、日本側からの文献、情報などから、日本の「エコタウン

事業」を概念的に理解し、新都市建設へZE概念の導入を試み始めていた。しかし、それは持続可能な都市建設というより、下水処理や、廃棄物焼却処理、堆肥化処理などの処理施設建設などのハードに注力されたものであった。ZEの構想や思想を取り入れた具体的な循環の概念、持続可能性などのソフトを含めた都市建設は、これからのようであった。

2007年のZEセミナーは、中央政府と組まないとZEの考え方を広く中国に浸透させることができない、との藤村宏幸ZEF会長の判断から、「国家発展改革委員会・環境と資源総合利用局」と北京で共同開催することになった。全国から企業と省政府、大都市の環境関係者の約250名が参加し、盛大なものであった。「北京オリンピック前夜」ということもあり、都市開発、産業振興、経済の大躍進のもと、中国側からは日本側の報告と同数の発表があり、多くの質疑応答がなされた。これらは、2006年、当時の安倍首相と胡錦濤国家主席の会談、甘利経済産業大臣と馬凱国家発展改革委員会主席との協議に見られるように、日中両国の「省エネと環境ビジネス」への関心の高さと受け止められた。

ZEFからは、鈴木基之国連大学ZEF学界ネットワーク代表理事の「ZEの思想をアジアへ広げる」、経済産業省からは「3R政策」について、中国側からは銭易清華大学教授「循環経済の発展による持続可能な発展」と大所高所からの講演があり、環境や循環経済に対する認識や水準が上がっていることを感じた。日本側の自治体からは末吉興一元北九州市長による「北九州エコタウン事業」、産業界からは熊野英介アミタ株式会社社長の「持続可能な発展的資源再生事業」の講演ほか、日

中双方から鉄鋼産業の省エネ、ZE的取り組みなどが報告された。盛岡通大阪大学大学院教授、武内和彦国連大学副学長から、これらの盛りだくさんな講演に対し講評がなされた。総じて、中国の地方行政、企業には、公害防止的な考え方から持続可能性への意識転換を図りつつある姿勢が見受けられた。

2008年のZEセミナーも、浙江省の杭州市で中央政府と共同開催した。わずか1年経っただけ、全体的に環境というより、一層社会の持続可能性への意識を強く持ち始めたと感じた。出席者も中央政府、地方行政から大学、環境団体までと幅広くなった。中国側からは、資源総合利用協会、物質再生利用協会など業界団体からの循環利用報告がなされ、中国内での環境への取り組みレベルの向上と広がりを感じさせられた。

中央政府の挨拶では、「第11次5カ年計画・資源総合利用指導意見」により、指導思想、重点領域、重点プロジェクトが明らかにされ、政府予算も約65億元が投資され、全国2,000カ所の資源総合利用や省エネルギー、節水などのモデルプロジェクトが動き出していた。

また、2008年8月には「循環経済促進法」が可決され、2009年1月より実施の運びと、報告された。2007年時点で、輸入を含め、再生資源の回収と利用は1.8億トンとなった。また、廃鉄鋼のストックは13.8億トン、廃アルミニウムストックは1,470万トン、廃棄家電1,600万台、廃棄自動車400万台となり、生活の向上と合わせ膨大な廃棄物が出始め、一層の資源節約、資源循環を含めた環境調和型社会を目指す、との決意表明ともとれる報告がなされた。

ゼロエミッションと持続可能社会形成への潮流と展望

4-1　東アジアで見られたZEや循環型社会への取り組み

　国連大学ZEFは、わずか4カ国ではあるが、10年間にわたってZEの思想の啓発普及活動を行い——ZEF各会員企業でのZE事例を伝え、自治体からは産業クラスターを含めZE型工業団地（エコタウン）を紹介し——大きな成果をあげてきた。その活動の中から、国別に状況が異なるので一括して纏めるには無理があるが、あえて東アジアでのZEや循環型社会への取り組みの流れの一端を見てみたい。

　アジア各国は近年、「先進国型の科学技術立国」を掲げ、先進国を見習い、急速な経済発展、メガ都市開発の速度を上げている。そして、それが深刻な環境汚染を引き起こしている事実は否めない。各国に共通していることは、自動車台数の増加、都市部の建設ラッシュ、都市部への人口の集中化、軽工業の拡大、海外企業の誘致、農業から製造業への転換である。その反作用として、環境面では河川や大気の汚染、膨大な廃棄物の排出というかたちで影響が現れている。

　その中で、社会の基盤整備や開発プロジェクトに資金援助する世界銀行、アジア銀行などの国際援助機関や日本の政府開発援助（ODA）などの援助機関は、資金の量的制約から一部分の案件についてではあるが、環境保全に重点を置き始めている。支援開発プロジェクトの中でも、環境対策には大きな金額を必要とするため、これまで多くのプロジェクトは経済優先、国の成長優先のもとで環境面はなおざりにされてき

た。しかし、東アジア各国政府や企業は、世界の環境について多くの情報を入手して状況を十分に把握し、それぞれの国の力や企業の力に応じて、環境を保全し、よりよい未来へと導きたいとの意欲が感じ取れた。

　韓国は、東アジアのなかでは日本に次ぐ工業国であり、産業界と自治体では、ある程度、廃棄物処理や公害防除施設は整っている。今後は、政策的にも廃棄物処理整備からZEなどの概念を取り入れ、ごみ焼却発電や焼却灰利用などの循環型システムへ舵を切り、エネルギー分野でも太陽光発電、風力発電などへ力が入ってきた。

　インドネシアやベトナムの産業は、まだ1次産業が主体で、2次産業は育成中であり、海外からの進出企業や関連下請け企業が多い。進出企業は一応、その国での環境水準に合わせ、かつ最低限の環境基準を守ろうとしている。しかし、地場産業は環境の最低基準を達成しようとしているが、実際にはまだこれからであり、ZEは当分先のことと感じた。

　砂糖やパームオイル産業は、大規模プランテーション方式で、かつ原料がバイオマスということで、水処理、残渣の焼却発電や堆肥化がなされている。しかし、なお一層のZEと循環の思想を入れたプラントの再整備が必要であり、そのことを企業幹部も認識していた。

　市民生活での環境面は、まずは下水道整備に続いて家庭ごみなどの資源化が必要であろう。これらは、先進国の援助待ちという状況が見受けられた。この援助では、ZEのコンセプトを取り入れ、環境の側面を十分考慮したシステムの供与が重要と考えられる。

中国は、世界の約21％の人口と広大な面積を持ち、ありとあらゆるものが詰まった国であり、概観することはきわめて難しい。あえて言うなら、産業界では、同一業種でも企業により、老朽化した設備から最新鋭設備の設置までと様々であり、世界一流の企業も出現している。そして、内需、外需ともに旺盛ななかで、国内外で熾烈な企業間競争を行い、そのあおりを受けて環境面で目をつぶるケースも多々ある。しかし、国民の環境に対する関心は非常に高くなり、それに応える企業も増えてきた。

　中央政府、地方政府でも、地域開発や都市開発、工業団地開発が盛んであり、環境保護、エコロジカルな開発を標榜し、取り組みを始めている。日本の北九州市のエコタウン事業は、大変注目されている。経済成長率が、毎年約10％内外という高度成長のなかで、当然、光と影の部分はあり、全体的には環境面に光が当たりにくい。それでも、先進国入りに手がかかったという意識により、国民、企業は面子にかけて先進的な環境保全から循環型経済発展へと向かう姿勢を見せている。

　自治体関連での環境設備は、経済優先で政府資金が回りにくいと見え、全体的にはまだ貧弱である。下水道、廃棄物の焼却発電の建設も徐々に増えているが、まだまだ不足している。また、寒い北部では、廃棄物と石炭との混焼による暖房用蒸気、給湯施設などの導入が多く、生活には必要欠くべからざるインフラではあるが、石炭のガス化などによって大気汚染対策、資源利用効率などを含め、循環効率を上げる方策が多いに必要そうである。問題は、これから大きくクローズアップされると見られる飲料水、農・工業用水の供給不足で

ある。水の効率的利用、膜利用の水再循環なども行われつつあるが、火急に整備、造水を図らねばならない事態と見受けられた。

4-2 環境法の整備と実施面の現状

　東アジアで行われたZEセミナー開催の当初は、一般的な公害などのローカルな問題を解決するテーマの中で、ZEを取り入れてはどうかという意見があった。しかし、ここ数年は、地球温暖化問題などのグローバルな課題も、ローカルそれ自体の課題として取り組まれ、環境と経済の関係を見据えた循環経済、思想的な持続可能社会形成などまで幅広く、かつ深く掘り下げて討議されるように変わってきた。

　また一部の国では、机上の空論的、頭でっかちなものから、実践行動として、自然発生的にプラスチックや紙、金属などの資源回収業から、汚水処理、メタン発酵、堆肥化、廃棄物焼却プラント建設などに至る幅広い環境関連産業が興ってきた。優良企業を初め、セメントや鉄鋼産業などは、プロセス改修、公害防除、省資源、省エネ化を進めている。そうすることによりコストダウンに繋がり、また持続可能な社会の形成へ寄与できることを認識し、海外からの技術導入も始まっている。また、食品産業を初めとして、自治体でもバイオマス系廃棄物の処理とエネルギー回収の観点から、有機物のメタン発酵施設導入などの動きもあり、今後ますますこうした動きが加速するものと考えられる。

　とりわけ、ここ数年はエネルギーの高騰、鉱物資源の枯渇が世界的な課題となり、資源の有限性が特に取りざたされる

ことから、これら企業でも、環境会計、マテリアルフローによる生産システムの見直しを行い、プロセスへのエネルギー資源投入量削減、プロセス内循環が進められている。東アジアの一部の国では、この10年で確実に先進国へ近づく企業も出てきたと感ずる。

　また、南の国では農業が多く、中国や韓国と異なり、鉱工業はこれからであり、民生面での環境整備も政府開発援助（ODA）頼みである。しかし、バイオマス資源が豊富なことから、代替エネルギーには大きな関心があり、先進国と早くから協調し、持続可能な社会デザインをしてはどうかと考える。残念なことに、ZEセミナー会場には一般市民やNPO/NGOなどの姿はなく、セミナー参加者の募集方法に問題があると考え、工夫が必要と感じた。

　各国政府は、先進国の後追いながら環境関連の法的な整備をしてきた。しかし、現段階では循環、持続可能な社会についての理念を示した法律が多く、逆に実施実態が付いて行けない事態もあるようである。規格もISOなどはよく知られ、大手企業では認定取得され、拡大生産者責任（EPR）、企業の社会的責任（CSR）についての知識も持つようになってきた。しかし現段階では、法整備面だけが先行し、実施面では表面上、産業が可能な限り従う、というところではないかと思われる。

4-3　東アジアでのZEの今後の課題

　国連大学ZEFの東アジアでの活動内容は、ZE思想、ZE実施手法の啓発・普及で、この10年間、基本的には何も変わるものではない。

しかし、世界における地球温暖化問題、資源争奪問題、とりわけ石油資源の価格高騰、人口急増、加えて2008年の経済恐慌などによる大きな社会変動が、環境や自然生態系へ影響を及ぼし始めた。

そのような社会背景により、ZEセミナーの内容も初期の単純な物質循環的な事柄から、環境教育、自然共生、ライフスタイル、低炭素社会への移行、経済の仕組み、自然資本や自然エネルギーの活用、コベネフィットなどにも大きく言及するようになった。また、各国の環境への姿勢も、学ぶことから実践へ入り始め、循環経済へ向け、まずは日本の3R政策を取り入れつつ、その成果・指標も考えられ始めている。さらにその実力は別にして、一足飛びに、高度化された思想や技術を求め、持続可能な社会形成へと向かい始めている。これ

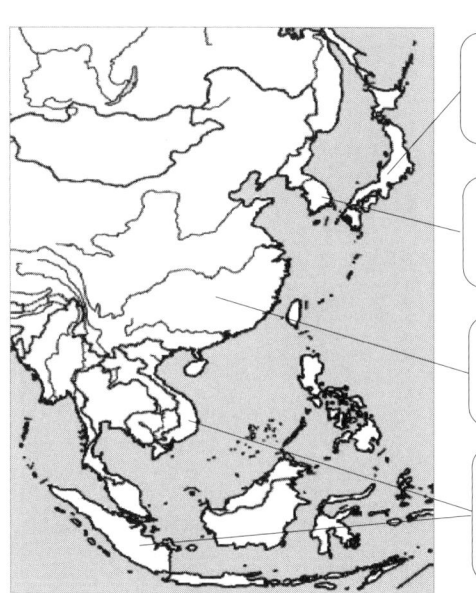

日本：資源小国。国連大よりゼロエミッション提唱。外需・内需振興へ。持続可能性社会へ。COP10開催・CO_2 25％削減へ

韓国：資源小国。輸出に依存。3Rからグリーングロス政策。中央政府と産業界が一体でグリーン社会化へ

中国：鉱物資源大国。世界の生産工場へ。資源再生業界結成。環境と経済の両立も目指し始める。リサイクル・生産技術の向上

ベトナム・インドネシア：ZE型社会基盤整備へ。バイオマス資源の宝庫。砂糖・パームなどから資源回収。CDMビジネスの開始。ZE・キャパビルへ力を入れ始める。

図5-3　ゼロエミッション・セミナー開催国の全体の状況図

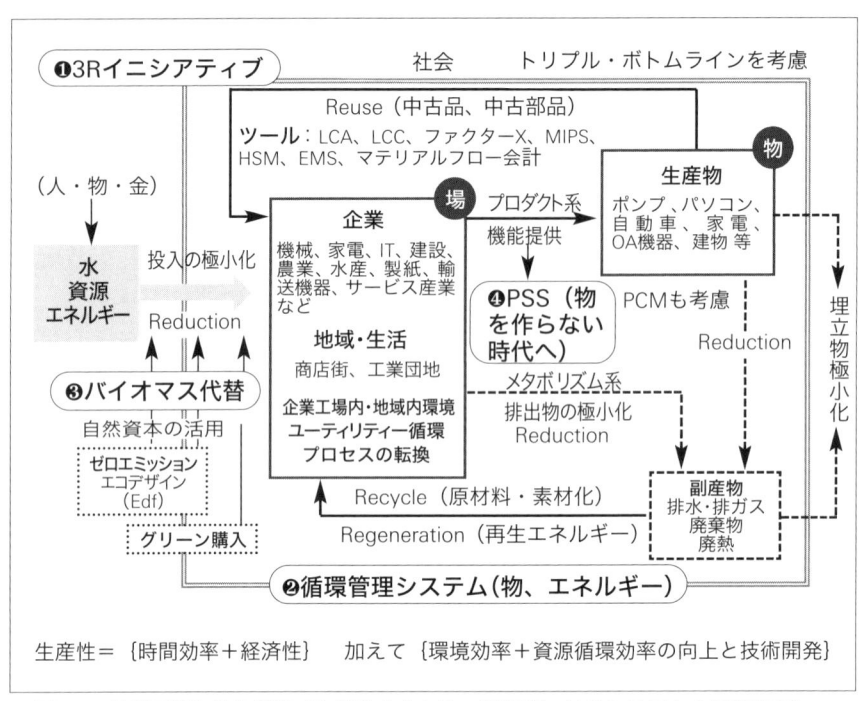

図5-4　持続可能な社会創造（生産性向上と法・税制度、社会システムの再構築を）

らの事柄をまとめ、図に示したものが図5-3である。

　地球の限界に遭遇した最初の人類世代である我々は、未来の地球文明のあり方を真剣に考えねばならない。国連大学ZEFも東京大学や大阪大学などが研究している「サステイナビリティ学」などとの連携関係により、持続可能な製品、システム、社会制度などのデザインを考え、思想的な厚みを加え、一層の進化と深化を遂げていかねばならないと感ずる。

　残念ながら、東アジアにZEFの拠点を設けることができていないことも現在の課題である。今後さらにこの点を含め、東アジアへより高度なZE思想をいかに伝えるか、どのように早く実践に取り組んでもらうか（4-2参照）、各国との持続可能な

社会形成の連携ネットワークをいかに作るか、そしてこれらの責務を誰が主体的に担うかなど、時代の流れの中で再構築する時節にきていると考える。

　最後に、参考として、東アジアで図5-4「持続可能な社会創造」のような社会形成が世界の国々でも形成されることを願い筆を置く。

　　竹林征雄（国連大学ゼロエミッションフォーラム・プログラムコーディネーター）

参考文献

1) 三橋規宏、「環境経済入門」、日本経済新聞社、1998年
2) 山路敬三、「環境経営の実践マニュアル」、海象社、2001年
3) 三橋規宏、「ゼロエミッションのガイドライン」、海象社、2001年
4) ゼロエミッションマニュアル作成委員会、「ゼロエミッションマニュアル」、海象社、2003年
5) 国連大学ゼロエミッション・フォーラム編、「賢人会議（上）」、海象社、2005年

サステナビリティ辞典

Sustainability Dictionary

本書の3大編集方針

❶地球有限性の認識
❷生態系の全体的保全
❸未来世代への利益配慮

環境の専門家に喜ばれています
環境用語 約1,100語 収録
ありそうでなかった本です！

収録語彙の一例。【アメリカ・エビ輸入禁止事件】【カエル・ツボカビ症】【カヌール声明】【環境民主主義仮説】【ゴール・イズ・ゼロ】【ダーティ・ゴールド】【ゆで蛙シナリオ】…必要な語彙を豊富にまとめています。

四六判　並製　400ページ　定価2,730円